"十二五"普通高等教育本科国家级规划教材

大学计算机基础实践教程

（第 3 版）

A BASIC PRACTICE COURSEBOOK
FOR COLLEGE COMPUTER SCIENCE
(3ʳᵈ edition)

甘勇 尚展垒 苏虹 等 ◆ 编著

U0339188

人民邮电出版社

北京

图书在版编目（ＣＩＰ）数据

大学计算机基础实践教程 / 甘勇等编著. -- 3版
. -- 北京 ：人民邮电出版社，2015.6（2020.8重印）
ISBN 978-7-115-39417-0

Ⅰ．①大… Ⅱ．①甘… Ⅲ．①电子计算机－高等学校
－教材 Ⅳ．①TP3

中国版本图书馆CIP数据核字(2015)第168341号

内 容 提 要

本书是根据大学计算机课程教学指导委员会提出的《关于进一步加强高校计算机基础教学的意见》要求，同时根据多所普通高校的实际教学情况编写的。本书是《大学计算机基础（第 3 版）》（ISBN：978-7-115-39416-3）的配套实践教程，采用 Windows 7 和 Microsoft Office 2013 平台，软件较新。全书共分两大部分，第一部分为与主教材各章对应的实验指导，第二部分为主教材各章习题参考答案。

本书可作为高校各专业"计算机基础教育"课程的实践指导教材，也可作为计算机技术培训用书和计算机爱好者自学用书。

◆ 编　著　甘　勇　尚展垒　苏　虹 等
　　责任编辑　张孟玮
　　执行编辑　税梦玲
　　责任印制　沈　蓉　彭志环

◆ 人民邮电出版社出版发行　　北京市丰台区成寿寺路 11 号
　　邮编　100164　电子邮件　315@ptpress.com.cn
　　网址　http://www.ptpress.com.cn
　　北京市艺辉印刷有限公司印刷

◆ 开本：787×1092　1/16
　　印张：11.5　　　　　2015 年 6 月第 3 版
　　字数：301 千字　　 2020 年 8 月北京第 6 次印刷

定价：28.00 元

读者服务热线：(010)81055256　印装质量热线：(010)81055316
反盗版热线：(010)81055315

前言

　　计算机及相关技术的发展与应用在当今社会生活中有着极其重要的地位，计算机与人类的生活息息相关，是必不可缺的工作和生活的工具，因此，计算机教育应面向社会、面向潮流，与社会接轨、与时代同行。

　　大学计算机基础是高等院校非计算机专业的重要基础课程。目前，国内虽然有很多类似的教材，但由于各个省份对计算机普及的程度有很大的差异，特别是在高中阶段，这就导致学习这门课程的学生水平参差不齐。为此，我们根据大学计算机课程教学指导委员会提出的《关于进一步加强高校计算机基础教学的意见》中有关"大学计算机基础"课程教学的要求，联合河南省的几所规模大的院校，结合我省的实际情况以及各高校学生情况，编写了本教材。本教材兼顾理论知识和实践能力，采用 Windows 7 操作系统和 Microsoft Office 2013，平台先进，内容丰富，知识覆盖面广。

　　本书是《大学计算机基础（第 3 版）》的配套教材，强调实验操作的内容、方法和步骤。目的在于让学生掌握基本理论的同时，掌握每个章节的知识要点，提高动手操作能力，全面地了解和掌握知识。

　　本书内容密切结合了国家教育部关于该课程的基本教学要求，兼顾计算机软件和硬件的最新发展，结构严谨，层次分明。在教学内容上，各高校可根据教学学时、学生的实际情况进行选取。

　　本书大约需 54 学时，具体实验学时请参考实验指导中的"实验学时"。

　　本书由甘勇、尚展垒、苏虹等编著。其中，郑州轻工业学院的甘勇任主编，郑州轻工业学院的尚展垒、苏虹、王鹏远任副主编。参加本书编写工作的还有郑州轻工业学院的梁树军、河南工程学院的曲宏山、郑州师范学院的贾遂民、郑州大学的翟萍、河南财经政法大学的郭清溥。第一部分各章内容编写安排如下，第 1 章由甘勇编写，第 2 章、第 3 章由尚展垒编写，第 4 章至第 6 章由苏虹编写，第 7 章、第 8 章、第 11 章由王鹏远编写，第 9 章由曲宏山、贾遂民、翟萍、郭清溥编写，第 10 章、第 12 章由梁树军编写；第二部分由梁树军编写。尚展垒负责本书的统稿和组织工作。

　　在本书的编写和出版过程中得到了郑州轻工业学院、郑州大学、河南财经政法大学、华北水利水电大学、河南工程学院、郑州师范学院、河南省高校计算机教育研究会的大力支持和帮助，在此由衷地表示感谢！

　　由于编者水平有限，书中难免有不足和疏漏之处，敬请广大大学生批评指正。

编　者

2015 年 4 月

目 录

第一部分 实 验 指 导

第二部分 主教材习题参考答案

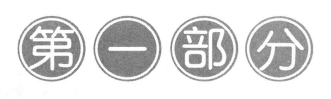

第一部分

实验指导

第1章
计算机与信息技术基础

主教材第 1 章首先讲述了计算机的发展、组成、功能、应用领域等文化知识，然后讲述了二进制的概念，最后讲述了信息在计算机内部的表示方法。为了让学生能够养成正确的使用键盘姿势以及对硬件有基本的了解，本章的实验主要讲述了键盘及指法练习、计算机硬件基础知识与连接两个内容，以提高学生对计算机的基本认识。

实验一　键盘及指法练习

一、实验学时

2 学时。

二、实验目的

✧ 熟悉键盘的构成以及各键的功能和作用。
✧ 了解键盘的键位分布并掌握正确的键盘指法。
✧ 掌握指法练习软件"金山打字通"的使用。

三、相关知识

1. 键盘

键盘是用户向计算机输入数据和命令的工具。随着计算机技术的发展，输入设备越来越丰富，但键盘的主导地位却是替换不了的。正确地掌握键盘的使用，是学好计算机操作的第一步。PC 键盘通常分 5 个区域，它们是主键盘区、功能键区、编辑键区、辅助键区（小键盘区）和状态指示灯区，如图 1.1 所示。

（1）主键盘区

① 字母键：主键盘区的中心区域，按下字母键，屏幕上就会出现对应的字母。

② 数字键：主键盘区上面第二排，直接按下数字键，可输入数字，按住 Shift 键再按数字键，可输入数字键中数字上方的符号。

③ Tab（制表键）：按此键一次，光标后移一固定的字符位置（通常为 8 个字符）。

④ Caps Lock（大小写转换键）：输入字母为小写状态时，按一次此键，键盘右上方 Caps Lock 指示灯亮，输入字母切换为大写状态；若再按一次此键，指示灯灭，输入字母切换为小写

状态。

⑤ Shift（上挡键）：有的按键键面有上下两个字符，称双字符键。当单独按这些键时，则输入下挡字符。若先按住 Shift 键不放手，再按双字符键，则输入上挡字符。

⑥ Ctrl、Alt（控制键）：与其他键配合实现特殊功能的控制键。

⑦ Space（空格键）：按此键一次产生一个空格。

⑧ Backspace（退格键）：按此键一次删除光标左侧一个字符，同时光标左移一个字符位置。

⑨ Enter（回车换行键）：按此键一次可使光标移到下一行。

图 1.1　键盘示意图

（2）功能键区

① F1 ~ F12（功能键）：键盘上方区域，通常将常用的操作命令定义在功能键上，不同的软件中功能键有不同的定义。如 F1 通常定义为帮助功能。

② Esc（退出键）：按下此键可放弃操作，如汉字输入时按下该键可取消没有输完的汉字。

③ Print Screen（打印键/拷屏键）：在 DOS 下，按此键可将屏幕内容送打印机输出；在 Windows 中，按此键可将整个屏幕复制到剪贴板；按 Alt + Print Screen 组合键可将当前活动窗口复制到剪贴板。

④ Scroll Lock（滚动锁定键）：在 DOS 下，阅读较长的文档时按此键可翻滚页面。

⑤ Pause Break（暂停键）：用于暂停执行程序或命令，按任意字符键后，再继续执行。

（3）编辑键区

① Ins/Insert（插入覆盖转换键）：按下此键，进行插入覆盖转换状态，可在光标左侧插入字符或覆盖当前字符。

② Del/Delete（删除键）：按下此键，删除光标右侧字符。

③ Home（行首键）：按下此键，光标移到行首。

④ End（行尾键）：按下此键，光标移到行尾。

⑤ PgUp/PageUp（向上翻页键）：按下此键，光标定位到上一页。

⑥ PgDn/PageDown（向下翻页键）：按下此键，光标定位到下一页。

⑦ ←、→、↑、↓（光标移动键）：按下各键分别使光标向左、向右、向上、向下移动。

（4）辅助键区（小键盘区）

辅助键区各键既可作为数字键，又可作为编辑键，两种状态的转换由该区域左上角数字锁定转换键 Num Lock 控制。当 Num Lock 指示灯亮时，该区处于数字键状态，可输入数字和运算符号；当 Num Lock 指示灯灭时，该区处于编辑状态，小键盘上下挡的光标定位键起作用，可进行光标移动、翻页、插入和删除等编辑操作。

（5）状态指示灯区

Num Lock 指示灯、Caps Lock 指示灯和 Scroll Lock 指示灯。根据相应指示灯的亮灭，可判断出数字小键盘状态、字母大小写状态和滚动锁定状态。

2. 键盘指法

（1）基准键与手指的对应关系

基准键与手指的对应关系如图 1.2 所示。

基准键位：字母键第二排的 A、S、D、F、J、K、L、；8 个键为基准键位。

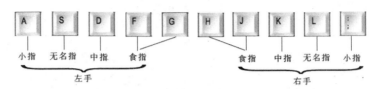

图 1.2 基准键与手指对应关系

（2）键位的指法分区

在基准键的基础上，其他字母、数字和符号与 8 个基准键相对应，指法分区如图 1.3 所示。虚线范围内的键位由规定的手指管理和击键，左右外侧的剩余键位分别由左右手的小拇指来管理和击键，空格键由大拇指负责。

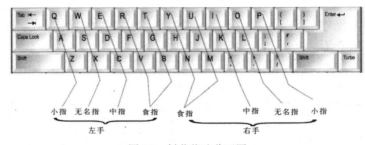

图 1.3 键位指法分区图

（3）击键方法

① 手腕平直，保持手臂静止，击键动作仅限于手指。

② 手指略微弯曲，微微拱起，以 F 与 J 键上的凸出横条为识别记号，左右手食指、中指、无名指、小指依次置于基准键位上，大拇指则轻放于空格键上，在输入其他键后手指重新放回基准键位。

③ 输入时，伸出手指弹击按键，之后手指迅速回归基准键位，做好下次击键准备。如需按空格键，则用大拇指向下轻击。如需按回车键 Enter，则用右手小指侧向右轻击。

④ 输入时，目光应集中在稿件上，凭手指的触摸确定键位，初学时尤其不要养成用眼确定指位的习惯。

3. 指法练习软件"金山打字通"

打字练习软件的作用是通过在软件中设置的多种打字练习方式使练习者由键位记忆到文章练习的同时掌握标准键位指法，提高打字速度。目前可用的打字软件较多，仅以"金山打字通"为例做简要介绍，说明打字软件的使用方法，如使用其他打字软件，可根据指导老师介绍使用。

四、实验范例

（1）打开"金山打字通 2013"软件，如图 1.4 所示。若是第一次使用，则需要创建昵称（若想随时随地查看打字成绩，还需要和 QQ 账号绑定）；若已有用户名，则在登录时选择相应的用户名可直接登录。

（2）单击"新手入门"选项，打开"打字常识"的窗口，可出现"认识键盘"界面，单击"下一页"，出现"打字姿势"界面，再单击"下一页"，出现"基准键位"界面，如图 1.5 所示。在"新手入门"中，可以学习"打字常识""字母键位""数字键位""符号键位"和"键位纠错"等知识，并提供一些选择题让用户试做。

图 1.4　金山打字通登录界面

图 1.5　"金山打字通"指法练习界面

（3）练习"英文打字""拼音打字"和"五笔打字"。
（4）要使用"打字测试""打字游戏"进行练习，也可以选择"在线学习"等功能。

五、实验要求

使用"金山打字通"指法练习软件进行打字练习，要求从基键开始，注意输入正确率的同时兼顾速度，循序渐进，直至熟练掌握盲打快速输入。

任务一　熟悉基本键的位置
操作步骤：运行"金山打字通"，单击"英文打字"选项，进入"键位练习（初级）"窗口，单击"课程选项"按钮，选择"键位课程一：asdfjkl;"课程，进行基本键位"A、S、D、F、J、K、L、;"的初级练习，熟练掌握后，进入"键位练习（高级）"窗口，单击"课程选项"按钮，选择"键位课程一：asdfjkl;"课程，进行基本键位"A、S、D、F、J、K、L、;"的高级练习。

任务二　熟悉键位的手指分工
操作步骤：运行"金山打字通"，单击"英文打字"选项，进入"键位练习（初级）"窗口，单击"课程选项"按钮，选择"手指分区练习"课程，进行手指分区键位的初级练习，熟练掌握后，进入"键位练习（高级）"窗口，单击"课程选项"按钮，选择"手指分区练习"课程，进行手指分区键位的高级练习。

任务三　单词输入练习
操作步骤：运行"金山打字通"，单击"英文打字"选项，进入"单词练习"窗口，按照程序要求进行单词输入练习。

任务四　文章输入练习

操作步骤：运行"金山打字通"，单击"英文打字"选项，进入"文章练习"窗口，按照程序要求进行文章输入练习。

实验二　计算机硬件基础认识与连接

一、实验学时

2 学时。

二、实验目的

◇ 认识微型计算机的基本硬件及组成部件。
◇ 了解微型计算机系统各个硬件部件的基本功能。
◇ 掌握微型计算机的硬件连接步骤及安装过程。

三、相关知识

1．硬件的基本配置

计算机的硬件系统由主机、显示器、键盘、鼠标组成。具有多媒体功能的计算机配有音箱、话筒等。除此之外，计算机还可外接打印机、扫描仪、数码相机等设备。

计算机最主要的部分位于主机箱中，如计算机的主板、电源、CPU、内存、硬盘、各种插卡（如显卡、声卡、网卡）等主要部件都安装在机箱中。机箱的前面板上有一些按钮和指示灯，有的还有一些插接口，背面有一些插槽和接口。

2．硬件连接步骤

首先在主板的对应插槽里安装 CPU、内存条，如图 1.6 所示，然后把主板安装在主机箱内，再安装硬盘、光驱，接着安装显卡、声卡和网卡等，连接机箱内的接线，如图 1.7 所示，最后连接外部设备如显示器、鼠标和键盘等。

图 1.6　计算机主板

图 1.7　计算机主机箱内部

（1）安装电源

把电源（如图 1.8 所示）放在机箱的电源固定架上，使电源上的螺丝孔和机箱上的螺丝孔对应，然后拧上螺丝。

图 1.8　电源

（2）安装 CPU

将主板平置于桌面，CPU（如图 1.9 和图 1.10 所示）插槽是一个布满均匀圆形小孔的方形插槽，根据 CPU 的针脚和 CPU 插槽上插孔的位置对应关系确定 CPU 的安装方向。拉起 CPU 插槽边上的拉杆，将 CPU 缺针位置对准 CPU 插槽相应位置，待 CPU 针脚完全放入后，按下拉杆至水平方向，锁紧 CPU。之后涂抹散热硅胶并安装散热器，然后将风扇电源线插头插到主板上的 CPU 风扇插座上。

图 1.9　CPU 正面

图 1.10　CPU 背面

（3）安装内存

内存（如图 1.11 所示）插槽是长条形的插槽，内存插槽中间有一个用于定位的凸起部分，按照内存插脚上的缺口位置将内存条压入内存插槽，使插槽两端的卡子可完全卡住内存条。

（4）安装主板

首先将机箱自带的金属螺柱拧入主板支撑板的螺丝孔中，将主板放入机箱，注意主板上的固定孔对准拧入的螺柱，主板的接口区对准机箱背板的对应接口孔。边调整位置边依次拧紧螺丝固定主板。

（5）安装光驱、硬盘

拆下机箱前部与要安装光驱位置对应的挡板，将光驱（如图 1.12 所示）从前面板平行推入机箱内部，边调整位置边拧紧螺丝把光驱固定在托架上。使用同样方法从机箱内部将硬盘（如图 1.13 所示）推入并固定于托架上。

图 1.11　内存

图 1.12　光驱

图 1.13　硬盘

（6）安装显卡、声卡和网卡等各种板卡

根据显卡（如图 1.14 所示）、声卡（如图 1.15 所示）和网卡（如图 1.16 所示）等板卡的接口（PCI 接口、AGP 接口、PCI-E 接口等）确定不同板卡对应的插槽（PCI 插槽、AGP 插槽、PCI-E

插槽等），取下机箱后部与插槽对应的金属挡片，将相应板卡插脚对准对应插槽，板卡挡板对准机箱后的挡片孔，用力将板卡压入插槽中并拧紧螺丝将板卡固定在机箱上。

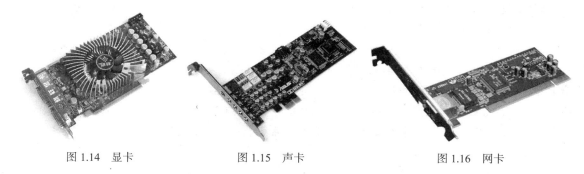

| 图 1.14　显卡 | 图 1.15　声卡 | 图 1.16　网卡 |

（7）连接机箱内部连线

① 连接主板电源线：把电源上的供电插头（20芯或24芯）插入主板对应的电源插槽中。电源插头设计有一个防止插反和固定作用的卡扣，连接时，注意保持卡扣和卡座在同一方向。为了对 CPU 提供更强更稳定的电压，主板会提供一个给 CPU 单独供电的接口（4针、6针或8针），连接时，把电源上的插头插入主板 CPU 附近对应的电源插座上。

② 连接主板上的数据线和电源线：包括硬盘、光驱等的数据线和电源线。

硬盘数据线（如图 1.17 所示）根据硬盘接口类型不同，可分为 PATA 硬盘采用的 80 芯扁平 IDE 数据排线和 SATA 硬盘采用的七芯数据。由于 80 芯数据线的接头中间设计了一个凸起部分，七芯数据线接头是 L 形防呆盲插接头设计，因此通过这些可识别接头的插入方向。将数据线上的一个插头插入主板上的 IDE1 插座或 SATA1 插座，将数据线另一端插头插入硬盘的数据接口中，插入方向由插头上的凸起部分或 L 形确定。

光驱的数据线连接方法与硬盘数据线连接方法相同，把数据排线插到主板上的另一个 IDE 插座或 SATA 插座上。

把硬盘、光驱的电源线（如图 1.18 所示）上的插头分别插到硬盘和光驱上。电源插头都是防插反设计的，只有正确的方向才能插入，因此不用害怕插反。

图 1.17　数据线

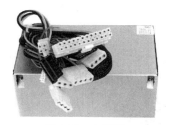

图 1.18　电源线

③ 连接主板信号线和控制线，包括 POWER SW（开机信号线）、POWER LED（电源指示灯线）、H.D.D LED（硬盘指示灯线）、RESET SW（复位信号线）、SPEAKER（前置报警喇叭线）等（如图 1.19 所示）。把信号线插头分别插到主板上对应的插针上（一般在主板边沿处，并有相应标示），其中，电源开关线和复位按钮线没有正负极之分；前置报警喇叭线是四针结构，红线为 +5V 供电线，与主板上的 +5V 接口对应；硬盘指示灯和电源指示灯区分正负极，一般情况下，红

色代表正极。

（8）连接外部设备

① 连接显示器：如果是 CRT 显示器，把旋转底座固定到显示器底部，然后把视频信号线连接到主机背部面板（如图 1.20 所示）的 15 针 D 型视频信号插座上（如果是集成显卡主板，该插座在 I/O 接口区；如果采用独立显卡，该插座在显卡挡板上），最后连接显示器电源线。

图 1.19　主板信号线和控制线　　　　　　　图 1.20　主机背部面板

② 连接键盘和鼠标：鼠标、键盘 PS/2 接口位于机箱背部 I/O 接口区。连接时可根据插头、插槽颜色和图形标示来区分，紫色为键盘接口，绿色为鼠标接口。对于 USB 接口的鼠标，插到任意一个 USB 接口上即可。

③ 连接音箱/耳机：独立声卡或集成声卡通常有 LINE IN（线路输入）、MIC IN（麦克风输入）、SPEAKER OUT（扬声器输出）、LINE OUT（线路输出）等插孔。若外接有源音箱，可将其接到 LINE OUT 插孔，否则接到 SPEAKER OUT 插孔。耳机可接到 SPEAKER OUT 插孔或 LINE OUT 插孔。

以上步骤完成后，微机系统的硬件部分就基本安装完毕了。

四、实验要求

观察 PC 的组成；掌握主板各部件的名称、功能等，了解主板上常用接口的功能、外观形状、颜色、插针数和防插反措施；熟悉常用外部设备的连接方法，注意区分不同设备的接口颜色和形状。

第 2 章
操作系统基础

主教材第 2 章以 Windows 7 为操作平台，目的是让学生学会 Windows 7 的基本操作、高级操作以及常用的软硬件设置。主要内容包括：任务栏和开始菜单的设置，窗口和文件（夹）的操作，输入方法的使用，系统常用附件的使用，控制面板的使用，外观和个性化的设置，账户管理以及对磁盘的管理和维护等。通过本章的实验，使学生全面了解 Windows 7 的基本功能并掌握其使用方法。

实验一　Windows 7 的基本操作

一、实验学时

2 学时。

二、实验目的

◇ 认识 Windows 7 桌面及其组成。
◇ 掌握鼠标的操作及使用方法。
◇ 熟练掌握任务栏和"开始"菜单的基本操作、Windows 7 窗口操作、管理文件和文件夹的方法。
◇ 掌握 Windows 7 中新一代文件管理系统——库的使用。
◇ 掌握启动应用程序的常用方法。
◇ 掌握中文输入法以及系统日期/时间的设置方法。
◇ 掌握 Windows 7 中附件的使用。

三、相关知识

1. Windows 7 桌面

"桌面"就是用户启动计算机登录到系统后看到的整个屏幕界面，如图 2.1 所示，它是用户和计算机进行交流的窗口，可以放置经常用到的应用程序和文件夹图标，用户可以根据自己的需要在桌面上添加各种快捷图标，在使用时双击图标就能够快速启动相应的程序或文件。以 Windows 7 桌面为起点，用户可以有效地管理自己的计算机。

第一次启动 Windows 7 时，桌面上只有"回收站"图标，大家在 Windows XP 中熟悉的"我的电脑""Internet Explorer""我的文档""网上邻居"等图标被整理到了"开始"菜单中。桌面最下方的小长条是 Windows 7 系统的任务栏,它显示系统正在运行的程序和当前时间等内容,用户也可以对它进行一系列的设置。"任务栏"的左端是"开始"按钮,中间是应用程序按钮分布区,右边是语言栏、工具栏、通知区域和时钟区等,最右端的小方框为显示桌面按钮,如图 2.2 所示。

图 2.1　Window 7 桌面

图 2.2　Window 7 任务栏

单击任务栏中的"开始"按钮可以打开"开始"菜单,"开始"菜单左边是常用程序的快捷列表,右边为系统工具和文件管理工具列表。在 Windows 7 中取消了 Windows XP 中的快速启动栏,用户可以直接通过鼠标拖曳把程序附加在任务栏上快速启动。应用程序按钮分布区表明当前运行的程序和打开的窗口;语言栏便于用户快速选择各种语言输入法,语言栏可以最小化在任务栏显示,也可以使其还原,独立于任务栏之外;工具栏显示用户添加到任务栏上的工具,如地址、链接等。

2. 驱动器、文件和文件夹

驱动器是通过某个文件系统格式化并带有一个标识名的存储区域。存储区域可以是可移动磁盘、光盘、硬盘等,驱动器的名字是用单个英文字母表示的,当有多个硬盘或将一个硬盘划分成多个分区时,通常按字母顺序依次标识为 C:、D:、E:等。

文件是有名称的一组相关信息的集合,程序和数据都以文件的形式存放在计算机的硬盘中。每个文件都有一个文件名,文件名由主文件名和扩展名两部分组成,操作系统通过文件名对文件进行存取。文件夹是文件分类存储的"抽屉",它可以分门别类地管理文件。文件夹在显示时,也用图标显示,包含不同内容的文件夹,在显示时的图标是不太一样的。Windows 7 中的文件、文件夹的组织结构是树形结构,即一个文件夹中可以包含多个文件和文件夹,但一个文件或文件夹只能属于一个文件夹。

3. 资源管理器

资源管理器是 Windows 系统提供的资源管理工具,可以用它查看本台计算机的所有资源,特别是它提供的树形文件系统结构，能使用户更清楚、更直观地查看和使用文件和文件夹。资源管理器主要由地址栏、搜索栏、工具栏、导航窗格、资源管理窗格、预览窗格以及细节窗格7部分组成，如图 2.3 所示。导航窗格能够辅助用户在磁盘、库中切换。预览窗格是 Windows 7 中的一项改进，它在默认情况下不显示，可以通过单击工具栏右端的"显示/隐藏预览窗格"按钮来显示或隐藏预览窗格。资源管理窗格是用户进行操作的主要地方，用户可进行选择、打开、复制、移动、创建、删除、重命名等操作。同时，根据显示的内容，在资源管理窗格的上部会显示相关操作。

图 2.3　资源管理器

四、实验范例

1. Windows 7 环境下鼠标的基本操作

（1）指向：移动鼠标，将鼠标指针移到操作对象上，通常会激活对象或显示该对象的有关提示信息。

操作：将鼠标移向桌面上的"计算机"图标，如图 2.4 所示。

（2）单击鼠标左键：快速按下并释放鼠标左键，用于选定操作对象。

操作：在"计算机"图标上单击鼠标左键，选中"计算机"，如图 2.5 所示。

图 2.4　鼠标的指向操作

图 2.5　单击鼠标左键操作

（3）单击鼠标右键：快速按下并释放鼠标右键，用于打开相关的快捷菜单。

操作：在"计算机"图标上单击鼠标右键，弹出快捷菜单，如图 2.6 所示。

（4）双击：连续两次快速单击鼠标左键，用于打开窗口或启动应用程序。

操作：在"计算机"图标上双击鼠标，观察操作系统的响应。

（5）拖曳：鼠标指向操作对象后按下左键不放，然后移动鼠标到指定位置再释放按键，用于复制或移动操作对象等。

操作：把"计算机"图标拖曳到桌面其他位置，操作过程中图标的变化如图 2.7 所示。

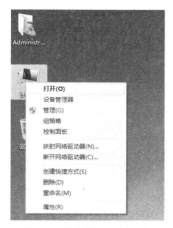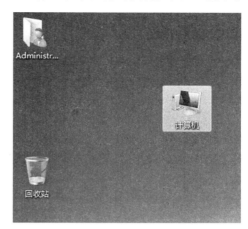

图 2.6　单击鼠标右键操作　　　　　　　图 2.7　鼠标的拖曳操作

2. 执行应用程序的方法

方法一：对 Windows 自带的应用程序，可通过"开始"→"所有程序"命令，再选择相应的菜单项来执行。

方法二：在"计算机"找到要执行的应用程序文件，用鼠标双击（也可以选中之后按回车键；或右键单击程序文件，然后选择"打开"）。

方法三：双击应用程序对应的快捷方式图标。

方法四：单击"开始"|"运行"，在命令行输入相应的命令后单击"确定"按钮。

3. 启动"资源管理器"的方法

方法一：双击桌面上的"计算机"图标。

方法二：Windows（键盘上有视窗图标的键）+E 组合键。

方法三：右击"开始"按钮，选择"打开 Windows 资源管理器"。

方法四：双击桌面上的"网络"图标。如果在桌面上没有"网络"图标，可以在桌面空白处单击鼠标右键，选择右键弹出菜单中的"个性化"菜单项，在之后显示的窗口中选择"更改桌面图标"项，此时会显示出"桌面图标设置"对话框，选中该对话框中的"网络"复选框后单击"确定"按钮即可将"网络"图标添加到桌面上。

4. 多个文件或文件夹的选取

（1）选择单个文件或文件夹：鼠标单击相应的文件或文件夹图标。

（2）选择连续多个文件或文件夹：鼠标单击第 1 个要选定的文件或文件夹，然后按住 Shift 键的同时单击最后 1 个，则它们之间的文件或文件夹就被选中了。

（3）选择不连续的多个文件或文件夹：鼠标单击第 1 个要选定的文件或文件夹，然后按住

Ctrl 键不放，同时用鼠标单击其他待选定的文件或文件夹。

5. Windows 窗口的基本操作

（1）窗口的最小化、最大化、关闭

打开"资源管理器"窗口，单击窗口右上角的"最小化"按钮▢，则"资源管理器"窗口即最小化为任务栏上的一个图标。

打开"资源管理器"窗口，单击窗口右上角的"最大化"按钮▢，则"资源管理器"窗口最大化占满整个桌面；此时"最大化"按钮变为"还原"按钮▢。

打开"资源管理器"窗口，单击窗口右上角的"关闭"按钮██X██，则"资源管理器"窗口被关闭。

（2）排列与切换窗口

① 双击桌面上"计算机"和"回收站"图标，在桌面上同时打开这两个窗口。

② 右键单击任务栏空白区域，打开任务栏快捷菜单。

③ 选择任务栏快捷菜单中的"层叠窗口"命令，可将所有打开的窗口层叠在一起，如图 2.8 所示，单击某个窗口的标题栏，可将该窗口显示在其他窗口之上。

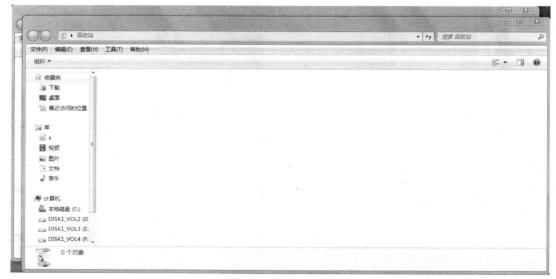

图 2.8　层叠窗口

④ 单击任务栏快捷菜单上的"堆叠显示窗口"命令，可在屏幕上横向平铺所有打开的窗口，可以同时看到所有窗口中的内容，如图 2.9 所示，用户可以很方便地在两个窗口之间进行复制和移动文件的操作。

⑤ 单击任务栏快捷菜单上的"并排显示窗口"命令，可在屏幕上并排显示所有打开的窗口，如果打开的窗口多于两个，将以多排显示，如图 2.10 所示。

⑥ 切换窗口。按住 Alt 键然后再按下 Tab 键，屏幕会弹出一个任务框，框中排列着当前打开的各窗口的图标，按住 Alt 键的同时每按一次 Tab 键，就会顺序选中一个窗口图标。选中所需窗口图标后，释放 Alt 键，相应窗口即被激活为当前窗口。

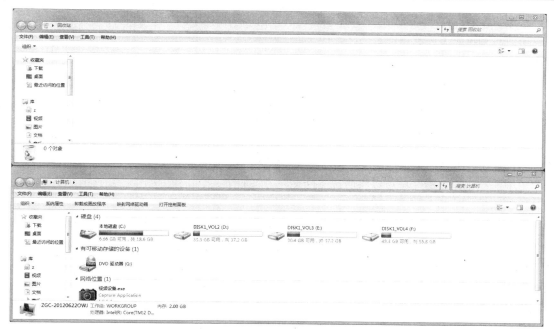

图 2.9　堆叠显示窗口

图 2.10　并排显示窗口

6. 库的使用

库是 Windows 7 系统最大的亮点之一，它彻底改变了文件管理方式，从死板的文件夹方式变得更为灵活和方便。库可以集中管理视频、文档、音乐、图片和其他文件。在某些方面，库类似传统的文件夹，但与文件夹不同的是，库可以收集存储在任意位置的文件。

（1）Windows 7 库的组成

Windows 7 系统默认包含视频、图片、文档和音乐 4 个库，当然，用户也可以创建新库。要创建新库，先要打开"资源管理器"窗口，然后单击导航窗格中的"库"，选择工具栏中的"新建库"按钮后直接输入库名称即可。

在"资源管理器"窗口中，选中一个库后单击鼠标右键，在弹出菜单中选择"属性"项，即可在之后显示的对话框的"库位置"区域看到当前所选择的库的默认路径。可以通过该对话框中的"包含文件夹"按钮添加新的文件夹到所选库中。

（2）Windows 7 库的添加、删除和重命名

① 添加指定内容到库中。要将某个文件夹的内容添加到指定库中，只需在目标文件夹上单击鼠标右键，在弹出菜单中选择"包含到库中"，之后根据需要在子菜单中选择一个库名即可。通过子菜单中的"创建新库"项可以将所选文件夹内容添加至一个新建的库中，新库的名称与文件夹的名称相同。

② 删除与重命名库。要删除或重命名库只需在该库上单击鼠标右键，选择弹出菜单中的"删除"或"重命名"即可。删除库不会删除原始文件，只是删除库链接而已。

五、实验要求

按照步骤完成实验，观察设置效果后，将各项设置恢复。

任务一　认识 Windows 7

1. 启动 Windows 7

（1）打开外设电源开关，如显示器。

（2）打开主机电源开关。

（3）计算机开始进行自检，然后引导 Windows 7 操作系统，若设置登录密码，则引导 Winodws 7 后，会出现登录验证界面，单击用户账号出现密码输入框，输入正确的密码后按回车键可正常启动进入 Windows 7 系统；若没有设置登录密码，系统会自动进入 Windows 7。

提示：在系统启动的过程中，若计算机安装有管理软件（如机房管理软件），则还要输入相应的用户名和密码。

2. 重新启动或关闭计算机

单击"开始"按钮，选择"关机"菜单项，就可以直接将计算机关闭。单击该菜单项右侧的箭头按钮图标，则会出现相应的子菜单，其中默认包含以下 5 个选项。

（1）切换用户。当存在两个或以上用户的时候可通过此按钮进行多用户的切换操作。

（2）注销。用来注销当前用户登录状态，以备下一个人使用或防止数据被其他人操作。

（3）锁定。锁定当前用户，锁定后需要重新输入密码认证才能正常使用。

（4）重新启动。当用户需要重新启动计算机时，应选择"重新启动"。系统将结束当前的所有会话，关闭 Windows，然后自动重新启动系统。

（5）睡眠。当用户短时间不用计算机又不希望别人以自己的身份使用计算机时，应选择此命令。系统将保持当前的状态并进入低耗电状态。

任务二　自定义 Windows 7

1. 自定义"开始"菜单

请按以下步骤对"开始"菜单进行设置。

（1）右键单击"开始"按钮，在弹出的快捷菜单中单击"属性"命令，打开"任务栏和「开始」菜单属性"对话框，如图 2.11 所示。

（2）单击"自定义"按钮，打开"自定义「开始」菜单"对话框。

（3）选中"控制面板"下的"显示为菜单"单选按钮，如图 2.12 所示，依次单击"确定"按钮。返回桌面，打开"开始"菜单并观察其变化，特别是"开始"菜单中"控制面板"菜单项的变化。

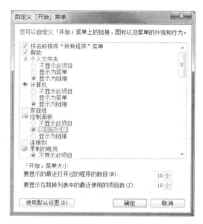

图 2.11　"「开始」菜单"选项卡　　　　　图 2.12　"自定义「开始」菜单"对话框

（4）再次打开图 2.12 所示对话框，选中该对话框中滚动条区域底部的"最近使用的项目"复选框。

（5）依次单击"确定"按钮。返回桌面，打开"开始"菜单，会发现在"开始"菜单中新增了一个"最近使用的项目"菜单项。

2. 自定义任务栏中的工具栏

请按以下步骤对工具栏进行设置。

（1）在任务栏空白处单击鼠标右键，弹出快捷菜单。

（2）把鼠标移到快捷菜单中的 "工具栏"菜单项，此时显示出"工具栏"子菜单，如图 2.13 所示。

（3）选中"工具栏"子菜单中的"地址"项后，观察任务栏的变化。

3. 自定义任务栏外观

请按以下步骤对任务栏进行设置。

（1）在任务栏空白处单击鼠标右键，在弹出的快捷菜单中单击"属性"命令，打开"任务栏和「开始」菜单属性"对话框，如图 2.14 所示。

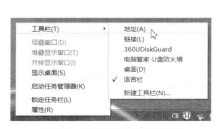

图 2.13　任务栏右键快捷菜单　　　　　图 2.14　"任务栏和「开始」菜单属性"对话框"任务栏"选项卡

（2）在"任务栏外观"区域中，分别有"锁定任务栏""自动隐藏任务栏""使用小图标"3个复选框，更改各个复选框的状态后，单击"确定"按钮返回到桌面观察任务栏的变化。

（3）通过"任务栏外观"区域下方的"屏幕上的任务栏位置"下拉列表中的选项可以更改任务栏在桌面上的位置，如顶部、底部、左侧、右侧；通过"任务栏按钮"下拉列表中的选项可以设置任务栏上所显示的窗口图标是否合并以及何时合并等。

（4）通过"通知区域"中的"自定义"按钮可以显示或隐藏任务栏中通知区域中的图标和通知。通过"使用 Aero Peek 预览桌面"区域中的复选框可以选择是否使用 Aero Peek 预览桌面。

（5）更改任务栏大小：在任务栏空白处单击鼠标右键，在弹出的快捷菜单中勾选掉"锁定任务栏"选项前的"√"。当任务栏位于窗口底部时，将鼠标指向任务栏的上边缘，当鼠标的指针变为双向箭头"⬍"时，向上拖动任务栏的上边缘即可改变任务栏的大小。

以上实验内容请同学们自己上机逐步操作、观察结果并加以体会。

任务三　进行文件和文件夹管理

1. 改变文件和文件夹的显示方式

"资源管理器"窗口的资源管理窗格中显示当前选定项目的文件和文件夹的列表，可改变它们的显示方式。请按以下步骤对文件和文件夹的显示方式进行设置。

（1）在"资源管理器"窗口中单击"查看"菜单，依次选择"超大图标""大图标""列表""详细信息""平铺"等项，观察资源管理窗格中文件和文件夹显示方式的变化。

（2）单击"查看"菜单中的"分组依据"菜单项，通过之后显示的子菜单项可以将资源管理窗格中的文件和文件夹进行分组，如图 2.15 所示。依次选择该子菜单中的项，观察资源管理窗格中文件和文件夹显示方式的变化。

（3）单击"查看"菜单中的"排序方式"菜单项，通过之后显示的子菜单项可以将资源管理窗格中的文件和文件夹进行排序显示，如图 2.16 所示。依次选择该子菜单中的项，观察资源管理窗格中文件和文件夹显示方式的变化。

图 2.15　"分组依据"子菜单　　　　　　　图 2.16　"排序方式"子菜单

（4）单击"工具"菜单中的"文件夹选项"，打开"文件夹选项"对话框。改变"浏览文件夹"和"打开项目的方式"中的选项，单击"确定"按钮，之后试着打开不同的文件夹和文件，观察显示方式及打开方式的变化。

（5）仍然打开"文件夹选项"对话框，选择"查看"选项卡，选中"隐藏已知文件类型的扩展名"复选框，如图 2.17 所示，单击"确定"按钮，观察文件显示方式的变化。

2. 创建文件夹和文件

在 E：盘创建新文件夹以及为文件夹创建新文件的步骤如下。

（1）打开"资源管理器"窗口。

（2）选择创建新文件夹的位置。在导航窗格中单击 E：盘图标，资源管理窗格中显示 E：盘根目录下的所有文件和文件夹。

（3）创建新文件夹有以下多种方法。

方法一：在资源管理窗格空白处，单击鼠标右键，弹出快捷菜单，在快捷菜单中选择"新建"→"文件夹"命令，然后输入文件夹名称"My Folder1"，按回车键完成。

方法二：选择菜单"文件"→"新建"→"文件夹"命令，然后输入文件夹名称"My Folder1"，按回车键完成。

（4）双击新建好的"My Folder1"文件夹，打开该文件夹窗口，在资源管理窗格空白处单击鼠标右键，

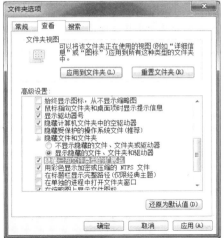

图 2.17 "文件夹选项"对话框"查看"选项卡

弹出快捷菜单，在快捷菜单中选择"新建"→"文本文档"命令，然后输入文件名称"My File1"，按回车键完成。

（5）使用同样方法在 E：盘根目录下创建"My Folder2"文件夹，并在"My Folder2"文件夹下创建文本文件"My File2"。

3．复制和移动文件和文件夹

请按以下步骤练习文件的复制、粘贴操作等。

（1）打开"资源管理器"窗口。

（2）找到并进入"My Folder2"文件夹，选中"My File2"文件。

（3）选择菜单"编辑"→"复制"命令或按 Ctrl+C 组合键或单击鼠标右键在快捷菜单中选择"复制"，此时，"My File2"文件被复制到剪贴板。

（4）进入"My Folder1"文件夹。

（5）选择菜单"编辑"→"粘贴"命令或按 Ctrl+V 组合键或单击鼠标右键在快捷菜单中选择"粘贴"，此时，"My File2"文件被复制到目的文件夹"My Folder1"。

移动文件的步骤与复制基本相同，只需将第（3）步中的"复制"命令改为"剪切"或将 Ctrl+C 组合键改为 Ctrl+X 组合键。

4．重命名、删除文件和文件夹

请按以下步骤练习文件的删除和重命名操作。

（1）打开"资源管理器"，找到并进入"My Folder1"文件夹，选中"My File2"文件。

（2）选择菜单"文件"→"重命名"命令或单击鼠标右键在快捷菜单中选择"重命名"，输入"My File3"后按回车键结束。

（3）选择"My File3"文件，单击菜单"文件"→"删除"命令或直接在键盘上按 Del/Delete 键，在弹出的"删除文件"对话框中，单击"是"按钮即可删除所选文件。

注：这种文件删除方法只是把要删除的文件转移到了"回收站"，如果需要彻底地删除该文件，可在执行删除操作的同时按下 Shift 键。

（4）双击桌面上的"回收站"图标，在"回收站"窗口中选中刚才被删除的文件，单击工具栏中的"还原此项目"按钮，该文件即可被还原到原来的位置。

（5）在"回收站"窗口中选择工具栏中的"清空回收站"按钮，对话框确认删除后回收站中

所有的文件均被彻底删除，无法再还原。

文件夹的操作与文件的操作基本相同，只是在复制、移动、删除的过程中，文件夹中所包含的所有子文件以及子文件夹都将被进行相同的操作。

任务四　运行 Windows 7 桌面小工具

1. 打开 Windows 7 桌面小工具

单击"开始"→"所有程序"→"桌面小工具库"即可打开桌面小工具，如图 2.18 所示。

图 2.18　Windows 7 桌面小工具

在窗口中间显示的是系统提供的小工具，每选中一个小工具，窗口下部会显示该工具的相关信息，如果不显示，单击窗口左下角的"显示详细信息"即可。通过窗口右下角的"联机获取更多小工具"可以连接到互联网下载更多的小工具。

2. 添加小工具到桌面

如果要将小工具"百度 搜索"添加到桌面，只需在图 2.18 所示窗口中选中"百度 搜索"后单击鼠标右键，选择弹出菜单中的"添加"即可。添加成功后该小工具显示在桌面右上角，并且通过其右侧的工具条可以对其进行"关闭""较大尺寸/较小尺寸"和"拖动"操作。

任务五　运行 Windows 7"画图"应用程序

单击"开始"→"所有程序"→"附件"→"画图"，即运行画图程序，如图 2.19 所示。

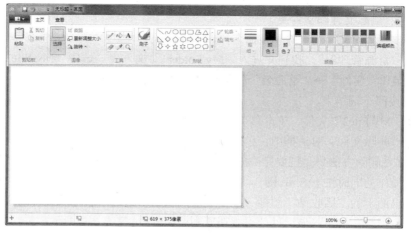

图 2.19　"画图"窗口

在"主页"选项卡中显示的是主要的绘图工具，包含剪贴板、图像、工具、形状、粗细和颜色功能模块，提供给用户对图片进行编辑和绘制的功能。请同学们依次练习绘图工具的使用，注意在画形状时形状轮廓以及形状填充的使用。

任务六　添加和删除输入法

请按以下步骤操作，为系统添加"简体中文全拼"输入法并删除"简体中文郑码"输入法（如果已安装）。

（1）右键单击任务栏上的语言栏，弹出语言栏快捷菜单，如图 2.20 所示。

（2）选择"设置"命令，出现"文本服务和输入语言"对话框，如图 2.21 所示。

（3）单击"添加"按钮，弹出"添加输入语言"对话框，选中列表框中的"简体中文全拼"复选框，依次单击"确定"按钮使设置生效。

（4）单击任务栏中的语言栏图标，可看到新添加的"简体中文全拼"输入法。

（5）再次打开图 2.21 所示"文本服务和输入语言"对话框，选择"已安装的服务"中的"简体中文郑码"，单击"删除"按钮即可将该输入法删除。

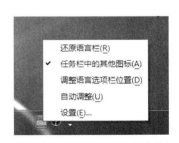

图 2.20　语言栏右键快捷菜单

图 2.21　"文字服务和输入语言"对话框

任务七　更改系统日期、时间及时区

请按以下步骤操作，将系统日期设为"2010 年 6 月 30 日"，系统时间设为"10:20:30"，时区设为"吉隆坡，新加坡"。

（1）右键单击任务栏最右侧的时间，选择弹出菜单中的"调整日期/时间"项，弹出"日期和时间"对话框。

（2）单击"更改日期和时间"按钮，弹出"日期和时间设置"对话框，依次更改年份为"2010"，月份为"六月"，日期为"30"，时间为"10:20:30"，依次单击"确定"按钮关闭对话框。

（3）观察任务栏右侧的显示时间，已经发生改变。

（4）再次打开"日期和时间"对话框，单击"更改时区"按钮，弹出"时区设置"对话框，在"时区"下拉列表中选择"（UTC+08:00）吉隆坡，新加坡"，依次单击"确定"按钮使设置生效。

实验二　Windows 7 的高级操作

一、实验学时

2 学时。

二、实验目的

◇ 掌握控制面板的使用方法。
◇ 掌握 Windows 7 中外观和个性化设置的基本方法。
◇ 掌握用户账户管理的基本方法。
◇ 掌握打印机的安装及设置方法。
◇ 掌握 Windows 7 中通过磁盘清理和碎片整理来优化和维护系统的方法。

三、相关知识

1. 控制面板

控制面板（Control Panel）集中了用来配置系统的全部应用程序，它允许用户查看并进行计算机系统软、硬件的设置和控制，因此，对系统环境进行调整和设置时，一般都要通过"控制面板"进行。如添加硬件、添加/删除软件、控制用户账户、外观和个性化设置等。Windows 7 提供了类别视图和图标视图两种控制面板界面，其中，图标视图有两种显示方式：大图标和小图标。"类别视图"允许打开父项并对各个子项进行设置，如图 2.22 所示。在"图标视图"中能够更直观地看到计算机可以采用的各种设置，如图 2.23 所示。

图 2.22　控制面板"分类视图"界面

2. 账户管理

Windows 7 支持多用户管理，多个用户可以共享一台计算机，并且可以为每一个用户创建一个用户账户以及为每个用户配置独立的用户文件，从而使得每个用户登录计算机时，都可以进行个性化的环境设置。在控制面板中，单击"用户账户和家庭安全"，打开相应的窗口，可以实现用户账户、家长控制等管理功能。在"用户账户"中，可以更改前当账户的密码和图片、管理其他账户，也可以添加或删除用户账户。在"家长控制"中，可以为指定标准类型账户实施家长控制，主要包括时间控制、游戏控制和程序控制。在使用该功能时，必须为计算机管理员账户设置密码保护，否则一切设置将形同虚设。

图 2.23　控制面板"图标视图"界面

3. 磁盘管理

磁盘管理是一项使用计算机时的常规任务，它以一组磁盘管理应用程序的形式提供给用户，包括查错程序、磁盘碎片整理程序、磁盘清理程序等。在 Windows 7 中没有提供一个单独的应用程序来管理磁盘，而是将磁盘管理集成到"计算机管理"中。通过右键单击桌面的"计算机"图标，在弹出的快捷菜单中单击"管理"即可打开"计算机管理"窗口，选择"存储"中的"磁盘管理"，将打开"磁盘管理"功能。利用磁盘管理工具可以一目了然地列出所有磁盘情况，并对各个磁盘分区进行管理操作。

四、实验范例

1. 设置控制面板视图方式

单击"开始"按钮，在"开始"菜单中选择"控制面板"，打开"控制面板"窗口。通过窗口"查看方式"旁边的下拉列表选项可以在类别视图、大图标视图和小图标视图之间进行切换。

2. 外观和个性化设置

请按以下步骤对 Windows 系统进行外观及个性化设置（以分类视图为例）。

（1）在"控制面板"窗口中单击"外观和个性化"，显示"外观和个性化"设置窗口。

（2）单击"个性化"中的"更改主题"，在之后显示的主题列表中选择不同的主题后观察桌面以及窗口等的变化。

（3）单击"个性化"中的"更改桌面背景"，在之后显示的图片列表中选择一张图片，并在"图片位置"下拉列表中选择"居中"后单击"保存修改"按钮，观察桌面的变化。

（4）单击"个性化"中的"更改屏幕保护程序"，弹出"屏幕保护程序设置"对话框，如图 2.24 所示。选择"屏幕保护程序"区域下拉列表中的"三维文字"后，单击"设置"按钮，弹出"三维文字设置"对话框，如图 2.25 所示。在"自定义文字"栏输入"欢迎使用 Windows 7"，设置旋转类型为"摇摆式"，单击"确定"按钮返回到"屏幕保护程序设置"对话框时即可在预览区看到屏保效果，若要全屏预览，单击"预览"按钮即可。若要保存此设置，单击"确定"按钮。

图 2.24 "屏幕保护程序设置"对话框

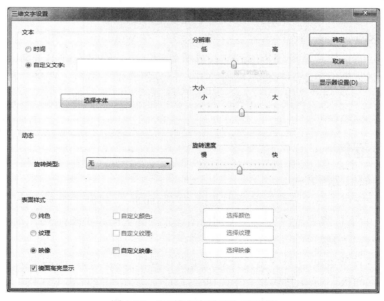

图 2.25 "三维文字设置"对话框

五、实验要求

按照实验步骤完成实验，观察设置效果后，将设置恢复。

任务一 设置个性化的 Windows 7 外观

1. 更改桌面背景（图片任意），并以拉伸方式显示

在桌面空白处单击鼠标右键，在弹出的快捷菜单中选择"个性化"命令，打开"个性化"设置窗口，选择窗口下方的"桌面背景"图标，显示如图 2.26 所示"桌面背景"设置窗口。直接在图片下拉框中选取一张图片并在"图片位置"下拉列表中选择"拉伸"后单击"保存修改"按钮即可。

如果要将多张图片设为桌面背景，要在图 2.26 所示窗口中按下 Ctrl 键的同时依次选取多个图片文件，在"图片位置"下拉列表中选择"拉伸"，并在"更改图片时间间隔"下拉列表中选择更改间隔，如果希望多张图片无序播放，选中"无序播放"复选框，单击"保存修改"按钮使设置生效，返回到桌面观察效果。

图 2.26 "桌面背景"设置窗口

2. 更改窗口边框、"开始"菜单和任务栏的颜色为深红色，并启用透明效果

（1）在"控制面板"中单击"外观和个性化"，显示"外观和个性化"设置窗口。

（2）单击"个性化"中的"更改半透明窗口颜色"，在之后显示的颜色图标中单击"深红色"并选中"启用透明效果"复选框。

（3）单击"保存修改"按钮后观察窗口边框、"开始"菜单以及任务栏的变化。

3. 设置活动窗口标题栏的颜色为黑、白双色，字体为华文新魏，字号为 12，颜色为红色

（1）在"控制面板"中单击"外观和个性化"，显示"外观和个性化"设置窗口。

（2）单击"个性化"中的"更改半透明窗口颜色"，在之后显示的窗口中单击"高级外观设置"，弹出"窗口颜色和外观"对话框，如图 2.27 所示。

（3）在"项目"下拉列表中选择"活动窗口标题栏"，"颜色 1"选择"黑色"，"颜色 2"选择"白色"。

（4）在"字体"下拉列表中选择"华文新魏"，"大小"下拉列表选择"12"。

（5）单击"确定"按钮后观察活动窗口的变化。

任务二　设置显示鼠标的指针轨迹并设为最长

（1）在"控制面板"中单击"硬件和声音"，显示"硬件和声音"设置窗口。

（2）单击"设备和打印机"中的"鼠标"，打开"鼠标 属性"对话框，单击"指针选项"选项卡，在"可见性"区域中，选中"显示指针轨迹"复选框并拖动滑块至最右边，如图 2.28 所示。

图 2.27　"窗口颜色和外观"对话框

图 2.28　"鼠标 属性"对话框

（3）单击"确定"按钮。

任务三　添加新用户"user1"，密码设置为"123456789"（只有系统管理员才有用户账户管理的权限）

（1）在"控制面板"中单击"用户账户和家庭安全"中的"添加或删除用户账户"，显示"管理账户"窗口。

（2）单击"创建一个新账户"，在之后显示的窗口中输入新账户的名称"user1"，使用系统推荐的账户类型，即标准账户，如图 2.29 所示。

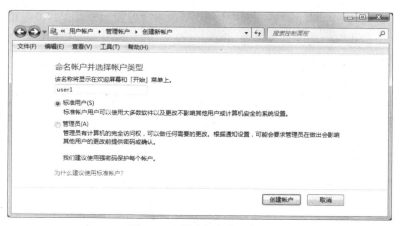

图 2.29　"创建新账户"窗口

（3）单击"创建账户"按钮后返回到"管理账户"窗口。

（4）单击账户列表中的新建账户"user1"，在之后显示的窗口中单击"创建密码"，显示"创建密码"窗口，如图2.30所示。

（5）分别在"新密码"和"确认新密码"框中输入"123456789"后，单击"创建密码"按钮。

图2.30 "创建密码"窗口

设置完成后，打开"开始"菜单，将鼠标移动到"关机"菜单项旁的箭头按钮上，单击选择弹出菜单中的"切换用户"，则显示系统登录界面，此时已可以看到新增加的账户"user1"，单击选择该账户后输入密码就可以以新的用户身份登录系统。

在"管理账户"窗口选择一个账户后，还可以使用"更改账户名称""更改密码""更改图片""更改账户类型"及"删除账户"等功能对所选账户进行管理。

任务四 打印机的安装及设置

1. 安装打印机

首先将打印机的数据线连接到计算机的相应端口上，接通电源打开打印机，然后打开"开始"菜单，选择"设备和打印机"，打开"设备和打印机"窗口（也可以通过"控制面板"中"硬件和声音"中的"查看设备和打印机"进入）。在"设备和打印机"窗口中单击工具栏中"添加打印机"按钮，显示如图2.31所示"添加打印机"对话框。选择要安装的打印机类型（本地打印机或网络打印机），在此选择"添加本地打印机"，之后要依次选择打印机使用的端口、打印机厂商和打印机类型，确定打印机名称并安装打印机驱动程序，最后根据需要选择是否共享打印机即可完成打印机的安装。安装完毕后，"设备和打印机"窗口中会出现相应的打印机图标。

2. 设置默认打印机

如果安装了多台打印机，在执行具体打印任务时可以选择打印机或将某台打印机设置为默认打印机。要设置默认打印机，先打开"设备和打印机"窗口，在某个打印机图标上单击鼠标右键，在弹出的快捷菜单中单击"设置为默认打印机"即可。默认打印机的图标左下角有一个"√"标识。

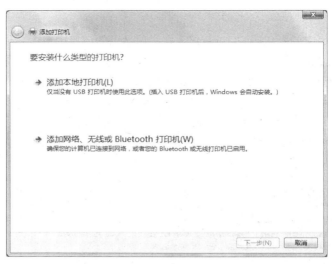

图 2.31 "添加打印机"对话框

3. 取消文档打印

在打印过程中，用户可以取消正在打印或打印队列中的作业。鼠标双击任务栏中的打印机图标，打开打印队列，右键单击要停止打印的文档，在弹出的菜单中选择"取消"。若要取消所有文档的打印，选择"打印机"菜单中的"取消所有文档"。

任务五　使用系统工具维护系统

由于在计算机的日常使用中，逐渐会在磁盘上产生文件碎片和临时文件，致使运行程序、打开文件变慢，因此可以定期使用"磁盘清理"功能删除临时文件，释放硬盘空间，使用"磁盘碎片整理程序"整理文件存储位置，合并可用空间，提高系统性能。

1. 磁盘清理

（1）单击"开始"→"所有程序"→"附件"→"系统工具"，选择"磁盘清理"命令，打开"磁盘清理：驱动器选择"对话框。

（2）选择要进行清理的驱动器，在此使用默认选择"（C:）"。

（3）单击"确定"按钮，会显示一个带进度条的计算 C 盘上释放空间数的对话框，如图 2.32 所示。

（4）计算完毕则会弹出"（C:）的磁盘清理"对话框，如图 2.33 所示，其中显示系统清理出的建议删除的文件及其所占磁盘空间的大小。

图 2.32 "磁盘清理"计算释放空间进度显示对话框

（5）在"要删除的文件"列表框中选中要删除的文件，单击"确定"按钮，在之后弹出的"磁盘清理"确认删除对话框中单击"删除文件"按钮，弹出"磁盘清理"对话框，清理完毕，该对话框自动消失。

依次对 C、D、E 各磁盘进行清理，注意观察并记录清理磁盘时获得的空间总数。

2. 磁盘碎片整理程序

进行磁盘碎片整理之前，应先把所有打开的应用程序都关闭，因为一些程序在运行的过程中可能要反复读取磁盘数据，打开应用程序会影响磁盘整理程序的正常工作。

（1）单击"开始"→"所有程序"→"附件"→"系统工具"，选择"磁盘碎片整理程序"命令，打开"磁盘碎片整理程序"对话框。

（2）选择磁盘驱动器后单击"分析磁盘"按钮，进行磁盘分析。

（3）分析完后，可以根据分析结果选择是否进行磁盘碎片整理。如果在"上一次运行时间"列中显示检查磁盘碎片的百分比超过了 10%，则应该进行磁盘碎片整理，只需单击"磁盘碎片整理"按钮即可。

任务六　打开和关闭 Windows 功能

Windows 7 附带的某些程序和功能（如 Internet 信息服务），必须在使用之前将其打开，不再使用时则可以将其关闭。在 Windows 的早期版本中，若要关闭某个功能，必须从计算机上将其完全卸载。而在 Windows 7 中，关闭某个功能不会将其卸载，仍会保留存储在硬盘上，以便需要时可以直接将其打开。

（1）单击"开始"→"控制面板"，打开"控制面板"窗口。

（2）选择"程序"，在之后显示的窗口中单击"程序和功能"中的"打开或关闭 Windows 功能"，显示如图 2.34 所示"Windows 功能"对话框。

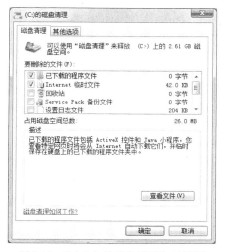

图 2.33　"（C:）的磁盘清理"对话框　　　　图 2.34　"Windows 功能"对话框

（3）若要打开某个 Windows 功能，选中该功能对应的复选框。若要关闭某个 Windows 功能则清除其所对应的复选框。

（4）单击"确定"按钮以应用设置。

第 3 章
常用办公软件 Word 2013

主教材第 3 章通过文档的创建与排版、表格制作和图文混排这 3 个实验，由浅入深地讲述了 Word 2013 的基本使用方法以及比较复杂的混合排版，通过对这 3 个实验的练习，学生可以掌握 Word 2013 的使用，利用 Word 2013 解决学习和工作中遇到的实际排版问题。

实验一　文档的创建与排版

一、实验学时

2 学时。

二、实验目的

◇熟练掌握 Word 2013 的启动与退出方法，认识 Word 2013 主窗口的屏幕对象。

◇熟练掌握操作 Word 2013 功能区、选项卡、组和对话框的方法。

◇熟练掌握利用 Word 2013 建立、保存、关闭和打开文档的方法。

◇熟练掌握输入文本的方法。

◇熟练掌握文本的基本编辑方法以及设定文档格式的方法，包括插入点的定位，文本的输入、选择、插入、删除、移动、复制、查找和替换、撤销与恢复等操作。

◇掌握文档的不同显示方式。

◇熟练掌握设置字符格式的方法，包括选择字体、字形与字号，使用颜色、粗体、斜体、下画线和删除线等。

◇熟练掌握设置段落格式的方法，包括对文本的字间距、段落对齐、段落缩进和段落间距等进行设置。

◇熟练掌握边框和底纹、分栏、文字加拼音、首字下沉等特殊格式的设置方法。

◇掌握格式刷和样式的使用方法。

◇掌握项目符号、项目编号的使用方法。

◇掌握利用模板建立文档的方法。

三、相关知识

1. 基本知识

Word 2013 是 Microsoft Office 2013 办公系列软件之一，是目前办公自动化中最流行的、全面支持简繁体中文的、具有全新用户界面的、功能更加强大的新一代套装办公软件。

Word 2013 仍然采用 Ribbon 界面风格，但在设计上尽量减少功能区 Ribbon，为内容编辑区域让出更大空间，以便用户更加专注于内容。其中的"文件"选项卡已经是一种的新的面貌，用户们操作起来更加高效。例如，当用户想创建一个新的文档，他就能看到许多可用模板的预览图像。

Microsoft Word 2013 集编辑、排版和打印等功能为一体，并能够同时处理文本、图形和表格，满足各种公文、书信、报告、图表、报表以及其他文档打印的需要。

2．基本操作

Word 文档是由 Word 编辑的文本。文档编辑是 Word 2013 的基本功能，主要完成文档的建立、文本的录入、保存文档、选择文本、插入文本、删除文本以及移动和复制文本等基本操作，并提供了查找和替换功能、撤销和重复功能。文档被保存时，会生成以".docx"为默认扩展名的文件。

3．基本设置

文档编辑完成之后，就要对整篇文档进行排版以使文档具有美观的视觉效果，包括字符格式设置、段落格式设置、边框与底纹设置、项目符号与编号设置以及分栏设置等。还有一些特殊格式设置，包括首字下沉、给中文加拼音、加删除线等。

4．高级操作

（1）格式刷

使用格式刷可以快速地将某文本的格式设置应用到其他文本上，操作步骤如下。

① 选中要复制样式的文本。

② 单击功能区"开始"选项卡中"剪贴板"组中的"格式刷"按钮，之后将鼠标移动到文本编辑区，会看到鼠标旁出现一个小刷子的图标。

③ 用格式刷扫过（即按下鼠标左键拖曳）需要应用样式的文本即可。

单击"格式刷"按钮，使用一次后格式刷功能就自动关闭了。如果需要将某文本的格式连续应用多次，则需双击"格式刷"按钮，之后直接用格式刷扫过不同的文本就可以了。要结束使用格式刷功能，再次单击"格式刷"按钮或按 Esc 键均可。

（2）样式与模板

样式与模板是 Word 中非常重要的内容，熟练使用这两个工具可以简化格式设置的操作，提高排版的质量和速度。

样式是应用于文档中文本、表格等的一组格式特征，利用其能迅速改变文档的外观。应用样式时，只需执行简单的操作就可以应用一组格式。选择功能区中"开始"选项卡下"样式"组中的样式显示区域右下角的"其他"按钮，在出现的下拉框中显示出了可供选择的样式。要对文档中的文本应用样式，先选中这段文本，然后单击下拉框中需要使用的样式名称就可以了。要删除某文本中已经应用的样式，可先将其选中，再选择下拉框中的"清除格式"选项即可。

如果要快速改变具有某种样式的所有文本的格式，可通过重新定义样式来完成。选择功能区中"开始"选项卡下"样式"组中的样式显示区域右下角的"其他"按钮，在出现的下拉框中选择"应用样式"选项，在弹出的"应用样式"任务窗格中的"样式名"框中键入要修改的样式的名称，如输入"正文"，单击"修改"按钮，弹出的对话框中显示现有的"正文"样式的字体格式，选择对话框中"格式"按钮下拉框中的"段落"选项，在弹出的"段落"对话框中对其进行所需要的格式修改后，单击"确定"按钮使设置生效，即可看到文档中所有使用"正文"样式的文本的段落格式已发生改变。

Word 2013 提供了内容涵盖广泛的模板，有信函、传真、简历、报告等，利用其可以快速地创建专业而且美观的文档。模板就是一种预先设定好的特殊文档，已经包含了文档的基本结构和文档设置，如页面设置、字体格式、段落格式等，方便以后重复使用，省去每次都要排版和设置的烦恼。对于某些格式相同或相近文档的排版工作，模板是不可缺少的工具。Word 2013 模板文件的扩展名为".dotx"，利用模板创建新文档的方法请参考其他书籍，在此不再赘述。

四、实验范例

1. 启动 Word 2013 窗口

启动 Word 2013 有多种方法，请思考并实际操作一下。

2. 认识 Word 2013 的窗口构成

Word 2013 的窗口主要包括功能区、选项卡、组和对话框。

3. 熟悉 Word 2013 各个选项卡的组成

通过具体操作来熟悉各选项卡。

4. 文件的建立与文本的编辑

（1）建立新文档。单击"文件"按钮面板中的"新建"命令，选择右侧可用模板中的一种，会弹出相应的模板窗口，再单击窗口上的"创建"按钮，即可创建一个基于特定模板的新文档，本范例选择"空白文档"。如果选择"空白文档"，则在可用模板区单击"空白文档"后 Word 会直接创建一个空白的文档。

（2）文档的输入。在新建的文档中输入实验范例文字，暂且不管字体及格式。输入完毕将其保存为 D：\AA.docx。

【注意】以上步骤（1）、步骤（2）的目的是练习输入，如果已经掌握，可直接打开某个已经存在的文件。

实验范例文字如下。

三、本课程的教学基本要求

通过本课程的学习，学生应该了解计算机系统的初步知识，掌握计算机操作系统的基本操作技能，掌握字表处理软件的基本操作，了解数据库系统的基本知识，基本掌握 WWW 浏览、电子邮件收发和文件下载的操作方法，了解计算机信息的安全性及为保证其信息安全应采取的各项措施。

（一）计算机的初步知识：了解计算机的各个发展阶段、应用领域、主要技术指标及其配置原则；掌握不同数制之间的转换方法、二进制数的算术运算、信息编码（ASCII 码）和信息单位（位、字节、字、双字）的概念。了解计算机系统基本组成及其工作过程。

（二）操作系统的功能和使用：了解操作系统的功能和基本组成（功能模块）；掌握文件的概念、命名、类型；掌握磁盘文件目录的树形结构和路径的概念。

《计算机应用基础》是高等学校工科本科非计算机专业的一门必修基础课。本课程的任务是使学生通过本课程的学习了解计算机文化基础知识，掌握使用计算机的基本技能。

电子数字计算机（Electronic Computer）是一种能自动地、高速地、精确地进行信息处理的电子设备，是 20 世纪最重大的发明之一。在计算机家族中包括了机械计算机、电动计算机、电子计算机等。电子计算机又可分为电子模拟计算机和电子数字计算机，通常我们所说的计算机就是指电子数字计算机，它是现代科学技术发展的结晶，特别是微电子、光电、通信等技术以及计算数学、控制理论的迅速发展带动了计算机不断更新。

5. **撤销与恢复**

在"快速访问工具栏"上有"撤销"与"恢复"按钮，可把编者对文件的操作进行按步倒退或前进，请同学们上机实际操作加以体会。

6. **字体及段落设置**

（1）第一段设置成隶书、二号，居中。

（2）第二段设置成宋体、小四、斜体，左对齐，段前和段后各加 1 行间距。

（3）第三段设置成宋体、小四，行距最小值为 20 磅。

（4）第四段设置成楷体、小四、加波浪线；左右各缩进 2 个字符，首行缩进 2 个字符，1.5 倍行距，段前、段后各加 0.5 行间距。

（5）第五段的设置同第三段。

（6）第六段设置成楷体，小四，加粗。

7. **文字的查找和替换（以刚建立的 D:\AA.docx 为例）**

（1）查找指定文字："掌握"。

① 打开 D:\AA.docx 文档。

② 单击"开始"选项卡上的"编辑"组中的"查找"按钮，在文本编辑区的左侧会显示"导航"任务窗格。

③ 在"导航"任务窗格中显示"搜索文档"的文本框内输入"掌握"二字。

④ 单击"搜索更多内容"按钮 🔎 或按回车键，匹配结果项就会全部出现在"导航"任务窗格中搜索框的下面，并在文档中高亮显示相匹配的关键词，在任务窗格中单击某个搜索结果能快速定位到正文中的相应位置。

（2）将文档中的"掌握"替换为"熟练掌握"，仍以 D:\AA.docx 为例。

① 打开 D:\AA.docx 文档。

② 单击"开始"选项卡上的"编辑"组中的"替换"按钮，出现"查找和替换"对话框。

③ 在"查找内容"后面的空栏内输入"掌握"，在"替换为"后面的空栏内输入"熟练掌握"。

④ 单击"全部替换"按钮，屏幕上出现一个对话框，报告已替换完毕。

⑤ 单击报告对话框的"确定"按钮，对话框消失。

⑥ 单击"关闭"按钮，"替换"对话框消失，返回 Word 窗口，这时所有的"掌握"都替换成了"熟练掌握"。

8. **视图显示方式的切换**

通过单击"视图"选项卡"视图"组中的各种视图按钮，进行各种视图显示方式的切换，并认真观察显示效果。

9. **设置边框与底纹**

（1）设置段落的边框与底纹

① 把光标移到文档 D:\AA.docx 中的第一段。

② 在功能区的"开始"选项卡下，单击"段落"组中的"边框"按钮右侧的下拉按钮，在弹出的下拉框中选择"边框和底纹"选项。

③ 在弹出的"边框和底纹"对话框中选择"边框"标签。

④ 在"设置"栏中选择"方框"选项，在"样式"栏中选择"双线"选项，在"颜色"栏中选择"绿色"，在"宽度"栏中选择"0.75 磅"，在"应用于"栏中选择"段落"选项，此时，可以在"预览"框中看到设置的效果。

【注意】此时，同学们可单击"预览"框中"上、下、左、右"4个按钮，观察段落边框的不同效果。

⑤ 单击"底纹"标签。在"填充"栏中选择"黄色"，在"图案"栏中选择"清除"选项，在"应用于"栏中选择"段落"选项，此时，可以在"预览"框中看到设置的效果。

⑥ 单击"确定"按钮，文档第一段边框和底纹设置成功。

（2）设置文字的边框与底纹

① 选中文档 D:\AA.docx 中的倒数第二段文字。

② 在功能区的"开始"选项卡下，单击"段落"组中的"边框"按钮右侧的下拉按钮，在弹出的下拉框中选择"边框和底纹"选项。

③ 在弹出的"边框和底纹"对话框中选择"边框"标签。

④ 在"设置"栏中选择"阴影"选项，在"样式"栏中选择"单实线"，在"颜色"栏中选择"红色"，在"宽度"栏中选择"0.5 磅"，在"应用于"栏中选择"文字"选项，此时，可以在"预览"框中看到设置的效果。

⑤ 单击"底纹"标签。在"填充"栏中选择"浅绿"，在"图案"栏中选择"清除"选项，在"应用于"栏中选择"文字"选项，此时，可以在"预览"框中看到设置的效果。

⑥ 单击"确定"按钮，文档倒数第二段文字的边框和底纹设置成功。

（3）设置页面边框

为页面设置普通边框步骤类似于前面为段落和文字设置边框，不同的是首先把光标放在当前页面的任意位置即可，在最后的"应用于"框中选择"整篇文档"选项。

如果要为页面添加艺术型边框则无需设置"样式""颜色"等其他项，只需在"艺术型"栏中选择一项，然后在"应用于"框中选择"整篇文档"即可。

【注意】如何取消段落或文字上已经添加的边框或底纹，请同学们思考并动手实践。提示：使用"边框和底纹"对话框进行设置。

10. 分栏设置

（1）整篇文档分栏

① 把光标放到文档 D:\AA.docx 中的任意位置。

② 单击"页面布局"选项卡，在"页面设置"组中单击"分栏"按钮，在弹出的下拉框中选择"两栏"选项，观察文档变化。

③ 在下拉框中选择"一栏"选项，文档重新回到未分栏状态。

（2）部分文档分栏

① 选中文档 D:\AA.docx 中的最后一段文字。

② 单击"页面布局"选项卡，在"页面设置"组中单击"分栏"按钮，在弹出的下拉框中选择"更多分栏"选项，打开"分栏"对话框。

③ 在"预设"栏中选择"偏左"，勾选"分割线"前的复选框。

④ 单击"确定"按钮，观察文档最后一段分栏效果。

11. 关闭 Word 2013

【注意】退出 Word 2013 有多种方法，请实际操作并体会。

实验完成后，请正常关闭系统，并认真总结实验过程和所取得的收获。

五、实验要求

任务一

【原文】

同本实验范例中原文。

【操作要求】

（1）将标题字体格式设置成宋体、三号，加粗，居中。

（2）将标题的段前、段后间距设置为 0.5 行。

（3）将正文设置为宋体、五号。

（4）为所有段落设置 1.3 倍行间距。

（5）在文档的特定位置插入特殊符号，具体见图 3.1。

（6）为“计算机的初步知识：”和“操作系统的功能和使用：”两部分内容添加编号，编号样式自定。

（7）为文档的其他三段内容设置首行缩进 2 个字符。

（8）给正文第 1 行中的“通过本课程的学习”添加红色波浪形下画线，并把第一段余下的文字内容设置为“绿色、加粗、倾斜”，

（9）将文档的最后一段文字设置为“华文新魏”，并加着重号。

【样本】

如图 3.1 所示。

三、本课程的教学基本要求

通过本课程的学习，***学生应该了解计算机系统的初步知识，掌握计算机操作系统的基本操作技能，掌握字表处理软件的基本操作，了解数据库系统的基本知识，基本掌握 www 浏览、电子邮件收发和文件下载的操作方法，了解计算机信息的安全性及为保证其信息安全应采取的各项措施。***

☆◆☆◆☆◆☆◆☆◆☆◆☆◆☆◆☆◆☆◆☆◆☆◆☆◆☆◆☆◆☆◆☆◆☆

（一）计算机的初步知识：

1) 了解计算机的各个发展阶段、应用领域、主要技术指标及其配置原则；
2) 掌握不同数制之间的转换方法、二进制数的算术运算、信息编码（ASCII 码）和信息单位（位、字节、字、双字）的概念。
3) 了解计算机系统基本组成及其工作过程。

（二）操作系统的功能和使用：

✧ 了解操作系统的功能和基本组成（功能模块）；
✧ 掌握文件的概念、命名、类型；
✧ 掌握磁盘文件目录的树形结构和路径的概念。

※★※★※★※★※★※★※★※★※★※★※★※★※★※★※★※★※★※★※★※

《计算机应用基础》是高等学校工科本科非计算机专业的一门必修基础课。本课程的任务是使学生通过本课程的学习了解计算机文化基础知识，掌握使用计算机的基本技能。

电子数字计算机（Electronic Computer）是一种能自动地、高速地、精确地进行信息处理的电子设备，是 20 世纪最重大的发明之一。在计算机家族中包括了机械计算机、电动计算机、电子计算机等。

图 3.1　任务一样本

任务二

【原文】

被同伴驱逐的蝙蝠

很久以前，鸟类和走兽，因为发生一点争执，就爆发了战争。并且，双方僵持，各不相让。

有一次，双方交战，鸟类战胜了。蝙蝠突然出现在鸟类的堡垒。“各位，恭喜啊！能将那些粗暴的走兽打败，真是英雄啊！我有翅膀又能飞，所以是鸟的伙伴！请大家多多指教！”

这时，鸟类非常需要新伙伴的加入，以增强实力。所以很欢迎蝙蝠的加入。可是蝙蝠是个胆小鬼，等到战争开始，便秘不露面，躲在一旁观战。

后来，当走兽战胜鸟类时，走兽们高声地唱着胜利的歌。蝙蝠却又突然出现在走兽的营区。"各位恭喜！把鸟类打败！实在太棒了！我是老鼠的同类，也是走兽！敬请大家多多指教！"走兽们也很乐意地将蝙蝠纳入自己的同伴群中。

于是，每当走兽们胜利，蝙蝠就加入走兽；每当鸟类们打赢，却又成为鸟类们的伙伴。最后战争结束了，走兽和鸟类言归和好，双方都知道了蝙蝠的行为。当蝙蝠再度出现在鸟类的世界时，鸟类很不客气地对他说："你不是鸟类！"被鸟类赶出来的蝙蝠只好来到走兽的世界，走兽们则说："你不是走兽！"并赶走了蝙蝠。

最后，蝙蝠只能在黑夜，偷偷地飞着。

【操作要求】

（1）标题：居中，设为华文新魏三号字，加着重号并加粗。

（2）所有正文文字设置为四号，宋体；所有段落首行缩进 2 个字符，左右缩进各 0.5 个字符，1.5 倍行间距。

（3）第一段：设为华文新魏小四号字，倾斜，分散对齐。

（4）第二段：给文字添加边框"阴影、单线、绿色、0.75 磅"，添加文字 "浅绿"底纹。

（5）第三段：用格式刷将该段设为与第一段同样的格式。

（6）第四段：设为黑体，字体颜色设为蓝色。

（7）第五段：给段落添加边框"自定义、三线、红色、0.5 磅"，仅添加上下边框，添加段落"黄色"底纹。

（8）第六段：段前段后间距设置为 1 行，隶书，小三，红色字，加下画线。

（9）整篇文档加页面边框，如样本所示。

（10）在 D 盘建立一个以自己名字命名的文件夹，存放自己的 Word 文档作业，该作业以"自己的名字+学号最后两位"命名。

【样本】

如图 3.2 所示。

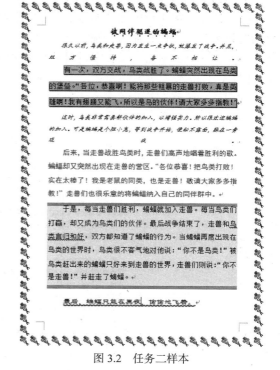

图 3.2 任务二样本

实验二 表格制作

一、实验学时

2 学时。

二、实验目的

◇掌握使用 Word 2013 创建表格和编辑表格的基本方法。

◇掌握使用 Word 2013 设计表格格式的常用方法。

◇掌握 Word 2013 表格图形化的方法。

三、相关知识

表格具有信息量大、结构严谨、效果直观等优点，而使用表格可以简洁有效地将一组相关数据放在同一个正文中，因此，掌握表格制作的操作是十分必要的。

表格是用于组织数据的最有用的工具之一，以行和列的形式简明扼要地表达信息，便于学生阅读。在 Word 2013 中，不仅可以非常方便、快捷地创建一个新表格，还可以对表格进行编辑、修饰，如增加或删除一行（列）或多行（列）、拆分或合并单元格、调整行（列）高、设置表格边框等，以增加其视觉上的美观程度，而且还能对表格中的数据进行排序以及简单计算等。

学习 Word 2013 表格制作功能，主要学习以下 5 点。

（1）创建表格的方法

① 插入表格：在文档中插入规则的表格。

② 绘制表格：在文档中创建复杂的不规则表格。

③ 快速制表：利用"快速表格"选项进行设置。

（2）编辑与调整表格

① 输入文本：在输入内容的过程中，可以同时修改录入内容的字体、字号、颜色等，这与文档的字符格式设置方法相同，都需要先选中内容再设置。

② 调整行高与列宽。

③ 单元格的合并、拆分与删除等。

④ 插入行或列。

⑤ 删除行或列。

⑥ 更改单元格对齐方式：单元格中文字的对齐方式一共有 9 种，默认的对齐方式是靠上左对齐。

⑦ 绘制斜线表头。

（3）美化表格

① 修改表格的框线颜色或线型。

② 为表格添加底纹。

（4）表格数据的处理

① 将表格转换为文本。

② 对表格中的数据进行计算。

③ 对表格中的数据进行排序。

（5）自动套用表格格式

四、实验范例

1. 建立表格

（1）建立如表 3.1 所示的表格，并设置其黑体、加粗、五号字、居中，存为 D:\biao.docx。

表 3.1　　　　　　　　　　　　　销售数据表

分　公　司　　季　度	香港分公司	北京分公司
一季度销售额	435	543
二季度销售额	567	654
三季度销售额	675	789
四季度销售额	765	765
合　计		

（2）删除表格最后一行。把光标移到表格最后一行的任意单元格，单击"布局"选项卡"行和列"组中的"删除"按钮，在弹出的对话框中选择"删除行"选项即可。

（3）在最后一行之前插入一行。把光标移到表格最后一行的任意单元格，单击"布局"选项卡"行和列"组中的"在上方插入"按钮即可。

（4）在第 3 列的左边插入一列。把光标移到表格最后一列的任意单元格，单击"布局"选项卡"行和列"组中的"在左方插入"按钮即可。

（5）调整列表线的位置到合适的宽度。

（6）制作斜线表头。

① 将光标定位在表格首行的第一个单元格当中，并将此单元格的尺寸调大。

② 单击功能区的"设计"选项卡，在"边框"组的"边框"按钮下拉框中选择"斜下框线"选项即可在单元格中出现一条斜线。

③ 在单元格中的"姓名"文字前输入"科目"后按回车键。

④ 调整两行文字在单元格中的对齐方式分别为"右对齐""左对齐"，完成斜线表头的制作。

（7）调整表格在页面中的位置。

① 把光标移到表格中的任意位置，这时会在表格的左上角出现一个内部有双向十字的方形图标 ⊞。

② 用鼠标左键单击此图标，拖曳鼠标，可以将表格移到任意位置。

（8）绘制不规则表格。

① 单击功能区的"插入"选项卡，在"表格"组的"表格"按钮下拉框中选择"绘制表格"选项。

② 把光标移到要插入表格的位置，这时光标会变成笔状。按下鼠标左键拖曳鼠标到需要大小时松开。这时，绘制出的是表格的外框线。

③ 把光标移到表格内，单击功能区出现的"设计"选项卡。

④ 设置边框样式。方法一：在"设计"选项卡的"边框"组中单击"笔样式"右侧的下拉框按钮，在弹出的下拉框中选择绘制表格线需要的框线样式，单击"笔划粗细"右侧的下拉框按钮，在弹出的下拉框中选择框线的粗细，单击"笔颜色"按钮，在弹出的下拉框中选择框线的颜色。方法二：单击"设计"选项卡中的"边框样式"按钮，从中直接选择样式。

⑤ 单击"设计"选项卡"边框"组中"边框"下拉框按钮，在弹出的下拉框中选择"绘制表格"选项。

⑥ 把光标移回文档编辑区，光标呈笔状，此时就可以使用刚才选择的框线样式自由绘制表格了。如果需要更改框线样式，从步骤③重复即可。

　　需要注意的是，Word 2013 取消了原来"边框"组中的"擦除"按钮，新增了"边框刷"按钮。"边框刷"按钮的作用是把当前定义的"边框样式"应用于表格中的特定边框。使用时只需先按照上述步骤④设置边框样式，然后单击"边框刷"按钮，这时光标变成刷子形状，单击表格中的任意框线，即可把设置的边框样式应用到框线上。

　　【注意】请同学们自己设计并绘制复杂的不规则表格，尝试绘制不同的表格，并试着练习使用"表格工具"栏中"边框刷"按钮。思考怎么使用"边框刷"按钮完成"擦除"功能，并动手实践。

　　2．编辑表格

　　（1）将 D:\biao.docx 中的表格最后一行拆分为另一个表。选中表格的最后一行，单击"布局"选项卡"合并"组中的"拆分表格"按钮操作，可见选中行的内容脱离原表，成为一个新表。试操作，并观察结果。

　　（2）将步骤（1）得到的表格重新合并成一个表。将上面表中的最后一个回车符号删除即可。

　　（3）调整表中行或列的宽度，以列为例。将鼠标指针移到表格中的某一单元格，把鼠标指针停留到表格的列分界线上，使之变为"←‖→"形状，这时就可按下鼠标左键不放，左右拖曳，使之调整到适当位置。行的操作类似，请试着操作并观察结果。

　　3．表格的修饰美化（以 D:\biao.docx 为例）

　　（1）表格第 1 列内容中心对齐，后两列右对齐。选中第 1 列，单击"开始".选项卡"段落"组中的"居中"按钮，观察结果。同理，对后两列进行设置。

　　　也可以利用"布局"选项卡"对齐方式"组中的按钮进行设置，以达到同样的效果。

　　（2）修改表格边框。

　　【分析】在 Word 文档中，可为表格、段落或选定文本的四周或任意一边添加边框，也可为文档页面四周或任意一边添加各种边框（包括图片边框），还可为图形对象（包括文本框、自选图形、图片或导入图形）添加边框或框线。在默认情况下，所有的表格边框都为 1／2 磅的黑色单实线；而在 Web 页上，默认情况下，表格没有可打印的边框。

　　①　单击表格左上角的田图标，选中整个表格。如要修改指定单元格的边框，只需选定所需单元格，包括单元格结束标记。

　　②　单击"设计"选项卡"边框"组中的"边框"下拉框按钮，选择"边框和底纹"选项。

　　③　在弹出的"边框和底纹"对话框中，对框线的样式、颜色、宽度进行设置，如果应用于单元格，在"应用于"下拉框中选择"单元格"选项，否则选择"表格"选项。

　　④　在"预览"框中分别单击"上、下、左、右"按钮，将设置的边框样式分别应用于表格的上、下、左、右 4 条外边框线；单击水平或垂直的中间按钮，则当前的边框样式会分别应用于表格内部的水平线或垂直线；单击左下角或右下角的按钮，则为表格中的单元格添加不同方向的斜线。

　　⑤　单击"确定"按钮，观察表格边框的变化。

　　（3）对表格第一列加底纹。

　　方法一：选中表格的第 1 列，依次单击"表格工具"中"设计"选项卡"表格样式"组中的"底纹"下拉按钮，在弹出的下拉框中选择适当的颜色即可。

　　方法二：①　选中表格的第 1 列，依次单击"表格工具"中"设计"选项卡"边框"组中的"边框"下拉框按钮，在弹出的下拉框中选择"边框和底纹"选项，弹出"边框和底纹"对话框；

　　②　单击"边框和底纹"对话框中的"底纹"标签，选择所需的适当选顶，并确认在"应用于"下拉框中选中"单元格"选项后，单击"确定"按钮，就修改了表格的底纹。

（4）自动套用表格的格式。

【分析】在已经设计了一个表格之后，可方便地套用 Word 中已有的格式，而不必像步骤（2）、步骤（3）那样修改表格的边框和底纹。

把鼠标指针移到表格中的任一单元格。

将鼠标移至"表格工具"的"设计"选项卡中"表格样式"组内，鼠标停留在哪个样式上，其效果就自动出现在表中，如果效果满意，单击鼠标就完成了套用自动格式的操作，十分方便。

（5）将表格转换成文字，并恢复。选中第 2 行~第 5 行，单击"布局"选项卡"数据"组中的"转换为文本"按钮，弹出"表格转换成文本"对话框，在对话框内选择文本的分隔符为"逗号"，按"确定"按钮后，便实现了转换。请注意观察结果。

用类似的操作可将转换出来的文本再恢复成表格形式。选中需要转换成表格的对象后，单击"插入"选项卡"表格"组中"表格"下拉框按钮下"文本转换成表格"命令项，在弹出的对话框里选择合适的选项即可完成操作。请同学们试一试。

（6）表格中数据的计算与排序。在 Word 中，可以通过在表格中插入公式来对表格中的数据进行计算和排序。计算较为简便的方法是在单元格中插入公式，排序要根据需要选择对话框中相应的选项，具体操作请参看配套教材，在此不再详述。请同学们按照教材中的例子操作，体会其中的要领。

一个实验完成后，请正常关闭系统，并认真总结实验过程和所取得的收获。

五、实验要求

任务一　制作课程表

【操作要求】

设计如表 3.2 所示的课程表。

表 3.2　　　　　　　　　　　　　　　　课程表

	星期一	星期二	星期三	星期四	星期五
第一大节					
第二大节					
午休					
第三大节					
第四大节					

表格内的内容依照实际情况进行填充，然后进行如下设置。

表格套用"清单表 4—着色 1"表格样式，表中文字是小五号楷体字，单元格文字的对齐方式选取"水平居中"选项。将原始单元格进行调整设置，设宽度为 1.8 厘米、高度为 0.3 厘米。表格四周边框线的宽度由原来的 2.25 磅调整为 1.5 磅，其余表格线的宽度为默认值。

表格完成后，试将该表格转换成文字，观察结果；然后再将文本恢复成表格，再次观察显示结果。

任务二　制作个人简历表

【操作要求】

制作一份个人简历，如表 3.3 所示。

表 3.3　　　　　　　　　　　　　　　个人简历

个人概况：	姓名：张三		性别：男	民族：汉	（贴照片处）	
	出生年月：1987 年 11 月		身体状况：健康	身高：176		
	专业：机械设计与制造专业					
	学历：本科		政治面貌：党员			
	毕业院校：西北工业大学		通信地址：西北工业大学 333#信箱			
个人品质：	诚实守信，乐于助人					
座右铭：	活到老，学到老					
受教育情况：	教育背景： 2005—2009 年　西北工业大学　机械设计与制造专业					
	主修课程： 工程制图、材料力学、理论力学、机械原理、机械设计、电路理论、模拟电子技术、数字电路、微机原理、机电传动控制、工程材料学、机械制造技术基础					
个人能力：	语言能力： ◆ 具有较强的语言表态能力 ◆ 有一定的英语读、写、听能力，获全国大学生英语四级证书					
	计算机水平： ◆ 具有良好的计算机应用能力，获全国计算机三级证书					
社会实践：	◆ 2005 年任校学生会主席 ◆ 曾参加西北工业大学社会实践"三下乡"活动 ◆ 在校办工厂实习两个月					
性格特点：	诚实，自信，坚强，有恒心，易于相处。有一定协调组织能力，适应能力强。有较强的责任心和吃苦耐劳精神					
联系方式：						

实验三　图文混排

一、实验学时

2 学时。

二、实验目的

◇熟练掌握分页符、分节符的插入与删除的方法。

◇熟练掌握设置页眉和页脚的方法。

◇熟练掌握分栏排版的设置方法。

◇熟练掌握页面格式的设置方法。

◇熟练掌握插入脚注、尾注、批注的方法。

◇熟练掌握图片、剪贴画插入、编辑及格式设置的方法。

◇掌握绘制和设置自选图形的基本方法。

◇熟练掌握插入和设置文本框、艺术字的方法。

◇掌握输入公式的基本方法。

三、相关知识

在 Word 中，要想使文档具有很好的视觉效果，仅仅通过编辑和排版是不够的，还需要对其进行页面设置，包括页眉和页脚、纸张大小和方向、页边距、页码，是否为文档添加封面以及是否将文档设置成稿纸的形式。此外，有时还需要在文档中适当的位置放置一些图片以增加文档的美观程度。一篇图文并茂的文档显然比单纯文字的文档更具有吸引力。

设置完成之后，还可以根据需要选择是否将文档打印输出。

1．版面设计

版面设计是文档格式化的一种不可缺少的工具，使用它可以对文档进行整体修饰。版面设计的效果要在页面视图方式下才能看见。

在对长文档进行版面设计时，可以根据需要在文档中插入分页符或分节符。如果要为该文档不同的部分设置不同的版面格式（如不同的页眉和页脚、不同的页码设置等）时，就要通过插入分节符，将各部分内容分为不同的节，然后再设置各部分内容的版面格式。

2．页眉和页脚

页眉和页脚是指位于正文每一页的页面顶部或底部的一些描述性的文字。页眉和页脚的内容可以是书名、文档标题、日期、文件名、图片、页码等。顶部的叫页眉，底部的叫页脚。

通过插入脚注、尾注或者批注，为文档的某些文本内容添加注释以说明该文本的含义和来源。

3．插入图形、艺术字

在 Word 2013 文档中插入自选图形、艺术字等图形对象和图片，能够起到丰富版面、增强阅读效果的作用，还可以用"绘图工具"选项卡上的相关工具对它们进行更改和编辑。

图片是由其他文件创建的图形，它包括位图、扫描的图片和照片等。可以使用"绘图工具"选项卡上的相关工具对其进行编辑和更改。如果要使插入的图片的效果更加符合我们的需要，就需要对图片进行编辑。对图片的编辑主要包括对图片的缩放、复制、剪裁、移动、删除等。

艺术字是指具有特殊艺术效果的装饰性文字，可以使用多种颜色和多种字体，还可以设置阴影、三维效果，并可将其弯曲、旋转、倾斜和拉伸等。

自选图形则可以通过调整其大小、颜色和对其进行翻转，以及多个自选图形组合而创造出更复杂的形状等。

文本框可以用来存放文本，是一种特殊的图形对象，可以在页面上进行定位和大小的调整。使用文本框可以为图形添加批注、标签和其他文字。

4．"SmartArt"工具

"SmartArt"工具用于帮助用户制作出精美的文档图表对象。使用"SmartArt"工具，可以非常方便地在文档中插入用于演示流程、层次结构、循环或者关系的 SmartArt 图形。

在文档中插入 SmartArt 图形的操作步骤如下。

（1）将光标定位到文档中要显示图形的位置。

（2）单击功能区中"插入"选项卡中"插图"组中的"SmartArt"按钮，打开"选择 SmartArt 图形"对话框。

（3）图中左侧列表中显示的是 Word 2013 提供的 SmartArt 图形类别，有列表、流程、循环、层次结构、关系等。单击某一种类别，会在对话框中间显示出该类别下的所有 SmartArt 图形的图例，单击某一图例，在右侧可以预览到该种 SmartArt 图形并在预览图的下方会有该图的文字介绍。

（4）选中合适的 SmartArt 图形的图例，单击"确定"按钮，即可在文档中插入相应的 SmartArt 图形。插入 SmartArt 图形后，在图形上添加文字即可。

当文档中插入组织结构图后，在功能区会显示用于编辑 SmartArt 图形的"设计"和"格式"选项卡，如图 3.3 所示，通过 SmartArt 工具可以为 SmartArt 图形进行添加新形状、更改大小、布局以及形状样式等的调整。请实际进行该操作，体会其功能。

图 3.3　SmartArt 工具

掌握美化文档与图形编辑的方法，包括：
- 设置页面背景；
- 图片与剪贴画的插入与编辑；
- 艺术字的编辑；
- 自选图形的绘制；
- 插入 SmartArt 图形；
- 文本框的编辑；
- 设置首字下沉；
- 设置边框和底纹。

掌握 Word 2013 文档的页面设置与打印的方法，包括：
- 页面格式设置，包括对文档所用纸型和页边距等进行设置；
- 分页、分节和分栏排版；
- 设置页眉和页脚；
- 插入页码；
- 文档预览与打印等；
- 创建文档封面；
- 稿纸设置。

四、实验范例

1. 插入页眉和页脚

（1）打开"实验一"中的文档 AA.docx。

（2）单击"插入"选项卡"页眉和页脚"组中的"页眉"按钮，在弹出的下拉框中选择内置的页眉样式或者选择"编辑页眉"选项。

（3）此时页眉位置内容突出显示，处于可编辑状态。在页眉中输入"计算机应用基础"。

（4）单击功能区"设计"选项卡"导航"组中"转至页脚"按钮，光标转至页脚位置，单击"插入"组中"日期和时间"按钮，在打开的"日期和时间"对话框中选中第 3 行格式"×年×月

×日星期×"。

（5）单击功能区"设计"选项卡"页眉和页脚"组中"页码"按钮，在弹出的下拉框中选择"页面底端"|"普通数字3"选项，在页面的右下角插入页码。

【注意】请同学们自己练习"页眉和页脚工具"功能区中的其他选项，如"首页不同""奇偶页不同""页眉顶端距离"等。

2. 使用"样式"

（1）样式的使用

【分析】所谓"样式"，就是 Word 内部或由用户命名并保存的一组文档字符或段落格式的组合。可以将一个样式应用于任何数量的文字和段落，如需更改使用同一样式的文字或段落的格式，只需更改所使用的样式，而不管文档中有多少这样的文字或段落，都可一次完成。

① 新建一个名为"样式. docx"的文档，在新文档中输入文字"样式的使用"。

② 单击"开始"选项卡上"样式"组中"标题 1"按钮，"样式的使用"几个字的字体、字号将自动改变成"标题 1"的设置格式。

③ 保存该文件，请注意观察结果。

（2）样式的创建

【分析】以"样式"框中的"标题 2"为基准标题，创建一个新的样式。

① 将光标置于"样式的使用"这句话的任意位置。

② 依次单击"开始"选项卡上"样式"组的下拉框中的"创建样式"选项，弹出"根据格式设置创建新样式"对话框。

③ 在"名称"栏内输入新建样式的名称"07 新建样式 1"，单击"修改"按钮，在打开的对话框中设置字体、字号、对齐方式等各项。

④ 单击"确定"按钮，"根据格式设置创建新样式"对话框消失。

⑤ 观察功能区"样式"组，这时可见"07 新建样式 1"已出现在"样式"框中了。新创建的样式就可以像其他样式一样使用了。

（3）样式的更改

【分析】将样式"07 新建样式 1"由三号改为一号，由黑体改为宋体，再加上波浪线。

在"样式"栏内选中"07 新建样式 1"选项，单击鼠标右键，选择"修改"命令项，屏幕上出现"修改样式"对话框。对原来的样式做想要的修改，如"字体""下画线"等。单击"确定"按钮，观察"样式"框的改变。

3. 拼写和语法

在 Word 中不但可以对英文进行拼写与语法检查，还可以对中文进行拼写和语法检查，这个功能大大降低了文本输入的错误率，使单词和语法的准确性更高。

为了能够在输入文本时使 Word 自动进行拼写和语法检查，需要进行设置。方法是选择"文件"按钮面板中的"选项"命令，在打开的"Word 选项"对话框中选择"校对"命令，然后勾选"键入时检查拼写"和"键入时标记语法错误"选项前的复选框，进行语法或拼写错误检查。设置后，当 Word 检查到有错误的单词或中文时，就会用红色波浪线标出拼写的错误，用蓝色波浪线标出语法的错误。

【注意】由于有些单词或词组有其特殊性，如在文档中输入"photoshop"就会认为是错误的，但事实上并非错误，因此，Word 进行拼写和语法检查后标记的错误信息，并非绝对就是错误的，对于一些特殊的单词或词组仍可视为正确。

4. 插入图片

（1）打开文档 AA.docx。

（2）单击"插入"选项卡上"插图"组中"图片"按钮，在打开的"插入图片"对话框中选择事先准备好的图片。

（3）单击选中图片，按下鼠标左键拖曳图片，把图片移到合适的位置；把光标移到图片右下角的控制点上按下鼠标拖曳调整图片至适当大小。

（4）单击"格式"选项卡上"排列"组中"自动换行"按钮，在弹出的下拉框中选择"四周型环绕"选项，观察文档的变化。

（5）在"格式"选项卡上"图片样式"组的"样式"框中单击"圆形对角，白色"样式按钮，观察图片的变化。

图片的设置效果如图 3.4 所示。

三、本课程的教学基本要求

通过本课程的学习，知识，掌握计算机操作系理软件的基本操作，了解掘 WWW 浏览、电子邮件收计算机信息的安全性及其施。

学生应该了解计算机系统的初步统的基本操作技能，掌握字表处数据库系统的基本知识，基本掌发和文件下载的操作方法，了解为保证信息安全应采取的各项措

图 3.4　文档中插入图片的效果

【注意】请同学们自己动手尝试"格式"选项卡中其他功能按钮的作用，如"删除背景""艺术效果""图片效果""剪裁"等按钮，并观察图片的变化。

在文档中插入的其他图形对象，如自选图形、艺术字等，其格式的编辑设置和图片有很多相似之处，请同学们自己动手实践体会。

5. 设置页面背景及水印

（1）设置页面背景

① 打开文档 AA.docx。

② 单击"设计"选项卡上"页面背景"组中的"页面颜色"按钮，在弹出的下拉框中选择"填充效果"命令项，打开"填充效果"对话框。

③ 在"填充效果"对话框中选择"纹理"标签，单击"鱼类化石"纹理按钮。

④ 单击"确定"按钮，关闭"填充效果"对话框。观察文档的变化。

【注意】请同学们按照上述方法给文档设置"渐变""图案""图片"及单一颜色的背景，观察文档的变化。

（2）设置水印

① 打开文档 AA.docx。

② 单击"设计"选项卡上"页面背景"组中的"水印"按钮，在弹出的下拉框中选择"自定义水印"命令项，打开"水印"对话框。

③ 在"水印"对话框中选择"文字水印"选项。

④ 在"文字"文本框中输入"教学基本要求"，在"语言"下拉框中选择"中文（中国）"，在"字体"下拉框中选择"隶书"，在"字号"下拉框中选择"60"，在"颜色"下拉框中选择"红

色"，在"半透明"前的复选框中打勾，在"版式"项中选择"斜式"选项。

⑤ 单击"确定"按钮，关闭"水印"对话框。观察文档的变化。

一个实验完成后，请正常关闭系统，并认真总结实验过程和所取得的收获。

五、实验要求

任务一

在本章"实验一"里"任务二"的基础上继续完成本次任务。

【原文】

见实验一中任务二的原文。

【操作要求】

（1）完成 Word 2013"实验一"里"任务二"的操作要求。

（2）页面设置：B5 纸，各边距均为 1.8cm，不要装订线。

（3）最后一段加拼音注释。设为黑体小三号字，加粗，红色，下画线。

（4）页眉处输入自己的姓名、班级、学号，居中显示。页脚插入页码，居中显示。

（5）在所给文字的最后输入以下几个符号：

◇ Wingdings 字体里的 　☺ ☾ ☎

◇ Wingdings2 字体里的 🖎 ☜ ➍ ✂ ①

◇ Times New Roman 字体里子集"拉丁语-1"中的® ¥

◇ 普通文本里子集"拉丁语-1"中的 ¤

（6）最后插入日期，不带自动更新，并且右对齐。

（7）把文字的第一段分成两栏，偏左，加分隔线。

（8）设置文档文字水印：文字为"计算机应用基础"，格式为"楷体、66、深蓝、半透明、斜式"。

（9）在 D 盘建立一个以自己名字命名的文件夹存放自己的 Word 文档作业，该作业以"自己的名字+学号的最后两位"命名。

任务二

【原文】

春分是春季九十天的中分点。二十四节气之一，每年二月十五日前后。春分这一天太阳直射地球赤道，南北半球季节相反，北半球是春分，在南半球来说就是秋分。春分是伊朗等国的新年，有着 3000 年的历史。

春分时，从理论上说，全球昼夜等长。春分之后，北半球各地昼渐长夜渐短，南半球各地夜渐长昼渐短。春分时，全球无极昼极夜现象。春分之后，北极附近开始极昼，范围渐大；南极附近极昼结束，极夜开始，范围渐大。

春分这一天阳光直射赤道，昼夜几乎相等，其后阳光直射位置逐渐北移，北半球开始昼长夜短。春分是个比较重要的节气，它不仅有天文学上的意义：南北半球昼夜平分，在气候上，也有比较明显的特征，春分时节，我国除青藏高原、东北、西北和华北北部地区外都进入明媚的春天，在辽阔的大地上，杨柳青青、莺飞草长、小麦拔节、油菜花香。

春分节气，东亚大槽明显减弱，西风带槽脊活动明显增多，蒙古到东北地区常有低压活动和气旋发展，低压移动引导冷空气南下，北方地区多大风和扬沙天气。当长波槽东移，受冷暖气团交汇影响，会出现连续阴雨和倒春寒天气。

沿江江南地区同时升达 10℃ 以上而进入明媚的春季。辽阔的大地上，岸柳青青，莺飞草长，小麦拔节，油菜花香，桃红李白迎春黄，而华南地区更是一派暮春景象。从气候规律上说，这时江南的降水迅速增多，进入春季"桃花汛"期；在"春雨贵如油"的东北、华北和西北广大地区降水依然很少，抗御春旱的威胁是农业生产上的主要问题。

春分通常特指太阳视黄经位于 0° 的时刻，在每年农历二月十五日前后。

【操作要求】

制作表格，并编辑排版，得出如图 3.5 所示的效果。

要求完成以下设置。

（1）标题是插入艺术字且居中，隶书 36 号字；正文文字是小四号宋体字；每段的首行有两个汉字的缩进。第一段 1.5 倍行距，其余单倍行距。

（2）纸张设置为 A4，上下左右边界均为 2 厘米。

（3）文档第一段分成两栏，加分隔线。

（4）文档有特殊修饰效果。包括首字下沉设置红色，文字中有不同的颜色、着重号边框和底纹、下画线等。

（5）样本上有插图，请插入任意两张图片，按样本格式改变其大小和位置，并设置为四周型环绕。第一张图片上插入文本框，文本框格式设为无填充颜色并加入样张文字说明。

（6）按样张格式在页眉处填写本人的院系、专业、班级、姓名、学号、考场号等信息，文字为小五号宋体，居中显示；在页脚处插入日期。

图 3.5　任务二样本

（7）表格名设置为小三号，字体为"华文彩云"，表格中的文字是五号宋字，依照文字内容设置单元格对齐方式。表格四周边框线为双线、宽度为 0.5 磅，其余表格线的宽度为默认。表格底纹设置如图 3.5 所示。

（8）背景设为填充羊皮纸纹理。

第4章
电子表格 Excel 2013

主教材第 4 章讲述了 Excel 2013 的操作，本章通过两个实验，使学生掌握工作表的创建与格式编排，进而掌握公式、函数与图表的应用，学会利用 Excel 2013 进行简单的编排和计算。

实验一　工作表的创建与格式编排

一、实验学时

2 学时。

二、实验目的

◇练习建立 Excel 2013 工作簿、工作表的基本操作。
◇练习 Excel 2013 各种类型数据的输入、修改方法。
◇练习编辑工作表的方法。
◇练习关于工作表格式化的方法。
◇练习简单排序和多重排序的方法。
◇练习自动筛选和高级筛选的方法。
◇练习分类汇总的方法。
◇练习合并计算的方法。
◇练习 Excel 文档页面设置的方法与步骤。
◇练习 Excel 文档的打印设置及打印方法。

三、相关知识

Excel 2013 有着全新的打开工作簿窗口，在这个窗口中用户可以更加方便地打开现有工作簿以及新建一个更加专业的工作簿文件。

Excel 2013 的一个工作簿占一个窗口，默认包括一个工作表，一个工作簿中可以包含多个工作表。

Excel 2013 单元格中的数据包括 3 种数据类型：数值型、文字型、日期时间型。在单元格中输入数值型数据时会自动居右对齐，输入文字时会居左对齐，输入日期时间型数据要先输入日期再输入时间，中间以空格分开。当建立工作表时，所有的单元格都通常采用默认的数字格式。

在表格中输入数据时，往往有些栏目是由序列构成的，如编号、序号、星期等，在 Excel 2013 中，序列值不必——输入，可以在某个区域快速建立序列，实现自动填充数据。

对工作表进行格式化，可以进行行高和列宽的调整，插入行、列或单元格，设置边框和底纹，利用条件格式功能来突出数据，设置单元格对齐方式，还可以套用表格样式制作更加专业的表格。

对数据进行排序是进行数据分析中经常使用的，排序就是按照数据某个字段名（关键字）的值，将所有记录进行升序或降序的重新排列。在 Excel 2013 中可以数据单个字段名的值作为关键字进行简单排序，也可以多个字段名的值作为主关键字和次关键字进行复杂排序。

筛选是将符合要求的数据集中显示在工作表上，不符合要求的数据暂时隐藏，从而从数据库中检索出有用的数据信息并显示。Excel 2013 中常用的筛选方式有：自动筛选、自定义筛选和高级筛选。高级筛选是以用户设定的条件对数据表中的数据进行筛选的，可以筛选出同时满足两个或两个以上条件的数据。

1. Excel 2013 的基本功能与操作

（1）Excel 2013 的主要功能：表格制作、数据运算、数据管理、建立图表。

（2）Excel 2013 的启动和退出方法。

（3）Excel 2013 的窗口组成：标题栏、Microsoft Office 按钮、功能区、名称框与编辑栏、工作表区、滚动条、工作表标签以及状态栏等。

2. Excel 2013 的基本操作

（1）文件操作。包括建立新工作簿，打开已有工作簿，保存工作簿，关闭工作簿。

（2）选定单元格操作。包括选定单个单元格，选定连续或不连续的单元格区域，选定行或列，选定所有单元格。

（3）工作表的操作。包括添加，删除工作表，选定单个工作表，多个工作表，选定全部工作表，取消选中工作表。

（4）输入数据。包括输入文本和数字，输入日期和时间，自动填充数据，自定义序列。

3. 编辑工作表

（1）编辑和清除单元格中的数据。

（2）移动和复制单元格。

（3）插入单元格以及行和列。

（4）删除单元格以及行和列。

（5）查找和替换操作。

（6）给单元格加批注。

（7）命名单元格。

（8）编辑工作表。包括设定工作表的页数、激活工作表、插入工作表、删除工作表、移动工作表、复制工作表、重命名工作表、拆分工作表与冻结单元格。

4. 格式化工作表

（1）设置单元格对齐方式。

（2）调整行高和列宽。

（3）设置表格边框、底纹和颜色。

5. 排序

（1）简单排序。

（2）复杂排序。

6. 筛选

（1）自动筛选。

（2）自定义筛选。

（3）高级筛选。

四、实验范例

通过建立图 4.1 所示的"客户登记表"，进行 Excel 基本操作练习。

1. 要求

（1）将表头设置成黑体三号字，列名设置成黑体四号字，内容单元格设置成宋体五号字，表格外框线是粗线型，内框线是细线型。

（2）对表格进行条件单元格设置，将装修面积中数值大于 250 的单元格设置为"浅红色填充"；

（3）对 D 列即"装修面积"列进行降序排列；

（4）运用自动筛选将 D 列中"装修面积"大于平均值的单元格筛选出来，将 E 列"房屋类型"中"住宅"型的数据筛选出来。

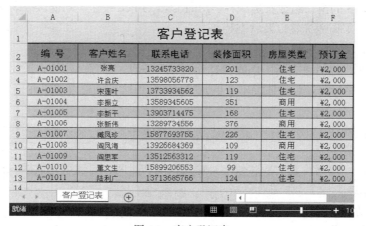

图 4.1　客户登记表

（5）运用高级筛选将"客户姓名"中含有"张"字、"装修面积">100 且"房屋类型"为"住宅"的相关数据筛选出来。

2. 操作步骤

（1）建立工作表

① 录入数据

● 双击工作表标签"Sheet1"，键入新名称"客户登记表"覆盖原有名称，按图 4.2 所示输入标题、列名、记录等数据。

● 选中 A3 单元格，光标指向右下角时出现黑色十字形，单击并向下拖曳鼠标进行序列填充，完成"编号"列的输入。

● 选中 F3 单元格，在 Excel "开始"选项卡中单击数字组下方的下拉按钮，出现"设置单元格格式"对话框，在"货币"项中选择人民币"￥"格式，将此单元格数值设置成人民币格式。

● 选中设置成货币格式的 F3 单元格，下拉进行复制填充。

② 设置工作表格式

- 调整表中各行高和列宽，选中 A2：F13 区域，在"开始"选项卡中的"对齐方式"组中选择"中部居中对齐"；
- 选中 A1：F1 区域，单击"开始"菜单的"对齐方式"组中"合并后居中"，并将合并后单元格中文本设置成黑体三号字。
- 在"样式"组中选择"套用表格格式"，选择如样表所示样式。
- 选中第 2 行，将单元格内容的字体设置成黑体小四号字。

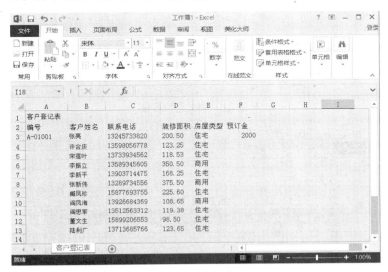

图 4.2　录入数据

- 选中 A3：F13 区域，将此区域中的内容设置成宋体五号字。
- 选中 A2：F13 区域，在"开始"选项卡的"字体"组中单击"边框"旁边的下拉按钮，在出现的"边框"下拉框中选择"粗匣框线"，再在"线型"中选择一种细线型，在"其他边框"中设置内侧各框线。

③ 设置条件格式

选中 D3：D13 区域，在"开始"选项卡的"样式"组中单击"条件格式"下拉框，选择"突出显示单元格规则"，在"大于"对话框中，将单元格数值大于 250 的单元格格式设置为"浅红色填充"。

进行以上格式设置后的表格如图 4.3 所示。

（2）排序和筛选

① 排序

选中 D3：D13 区域，在"开始"选项卡的"编辑"组中单击"排序与筛选"下拉箭头，在下拉框中选择"降序排列"，单击"确定"后表格如图 4.4 所示。

② 自动筛选

- 选择 A3：F13 区域，单击"编辑"组中"排序和筛选"下拉框中的"筛选"，这时，表格中所有列名右下角都出现个向下的黑色三角箭头，单击"装修面积"右边的箭头，在出现的下拉框中选择"数字筛选"｜"高于平均值"，筛选结果如图 4.5 所示。
- 选中 A3：F13 区域，再次单击"编辑"组中"排序和筛选"｜"筛选"，以上的筛选被撤销。

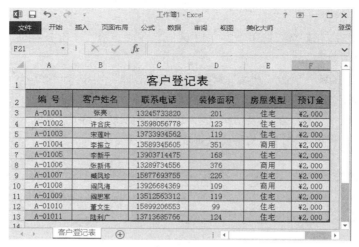

图 4.3　格式化后表格

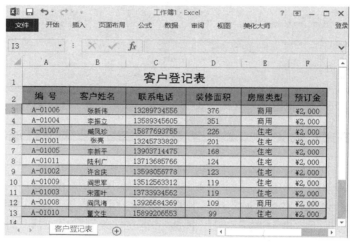

图 4.4　按装修面积排序后的表格

编　号	客户姓名	联系电话	装修面积	房屋类型	预订金
A-01006	张新伟	13289734556	376	商用	¥2,000
A-01004	李振立	13589345605	351	商用	¥2,000
A-01007	臧凤珍	15877693755	226	住宅	¥2,000
A-01001	张亮	13245733820	201	住宅	¥2,000

图 4.5　装修面积大于平均值的筛选结果

● 选中 A3：F13 区域，单击"编辑"组中"排序和筛选"|"筛选"，单击"房屋类型"右边下拉箭头，在对话框中选择"文本筛选"|"自定义筛选"，出现如图 4.6 所示"自定义自动筛选方式"对话框，在房屋类型项选择"包含""住宅"，单击"确定"按钮，即把表格中房屋类型是住宅的筛选出来了，筛选结果如图 4.7 所示。

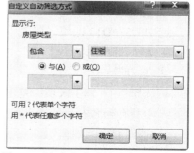

图 4.6　"自定义自动筛选方式"对话框

● 高级筛选

在表格下方的单元格 A16：C17 中输入高级筛选的条件，如图 4.8 所示。

编 号	客户姓名	联系电话	装修面积	房屋类型	预订金
A-01007	臧凤珍	15877693755	226	住宅	¥2,000
A-01001	张亮	13245733820	201	住宅	¥2,000
A-01005	李新平	13903714475	168	住宅	¥2,000
A-01011	陆利广	13713685766	124	住宅	¥2,000
A-01002	许合庆	13598056778	123	住宅	¥2,000
A-01009	阎思军	13512563312	119	住宅	¥2,000
A-01003	宋莲叶	13733934562	119	住宅	¥2,000
A-01010	董文生	15899206553	99	住宅	¥2,000

图 4.7 住宅型房屋类型筛选结果

客户登记表					
编 号	客户姓名	联系电话	装修面积	房屋类型	预订金
A-01006	张新伟	13289734556	376	商用	¥2,000
A-01004	李振立	13589345605	351	商用	¥2,000
A-01007	臧凤珍	15877693755	226	住宅	¥2,000
A-01001	张亮	13245733820	201	住宅	¥2,000
A-01005	李新平	13903714475	168	住宅	¥2,000
A-01011	陆利广	13713685766	124	住宅	¥2,000
A-01002	许合庆	13598056778	123	住宅	¥2,000
A-01009	阎思军	13512563312	119	住宅	¥2,000
A-01003	宋莲叶	13733934562	119	住宅	¥2,000
A-01008	阎凤涛	13926684369	109	商用	¥2,000
A-01010	董文生	15899206553	99	住宅	¥2,000

客户姓名	装修面积	房屋类型
张	>100	住宅

图 4.8 高级筛选

选中整个表格，单击"数据"选项卡中"排序和筛选"组的"高级"，出现如图 4.9 所示的对话框，在条件区域中选中$A$16:$C$17，单击"确定"按钮，筛选结果如图 4.10 所示。

图 4.9 "高级筛选"对话框

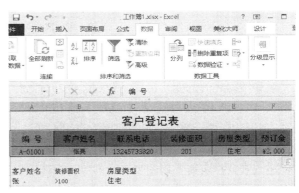

图 4.10 高级筛选结果

实验二 公式、函数与图表的应用

一、实验学时

2 学时。

二、实验目的

◇练习公式的使用。

◇练习常用函数的使用。

◇练习"粘贴函数"对话框的操作方法。

◇练习数据透视表的处理方法。

◇练习各种图表，如柱形图、折线图、饼图等的创建方法。

◇练习图表的编辑及格式化的操作方法。

三、相关知识

1. 公式与函数应用

在 Excel 中，公式是对工作表中的数据进行计算操作最为简单有效的手段之一。在工作表中输入数据后，运用公式可以对表格中的数据进行计算并得到需要的结果。

在 Excel 中使用公式是以等号"="开始，以各种运算符将数值和单元格引用、函数返回值等组合起来，形成表达式的。Excel 2013 会自动计算公式表达式的结果，并将其显示在"="所在单元格中。

公式的引用分为相对引用、绝对引用和混合引用，可以引用同一工作簿中不同工作表的单元格，也可以引用不同工作簿的单元格。

函数实际上是一些预定义的公式，Excel 2013 提供了财务、统计、逻辑、文本、日期与时间、查找与引用、数学和三角、工程、多维数据集和信息函数共 10 类函数。运用函数进行计算可大大简化公式的输入过程，只需设置函数相应的必要参数即可进行正确的计算。

函数的输入有两种方法，一种是在单元格中直接输入函数，另一种是使用"粘贴函数"对话框输入函数。我们需要掌握的常用函数包括 SUM 函数、AVERAGE 函数、MAX 函数、MIN 函数、COUNT 函数、COUNTIF 函数、IF 函数、RANK 函数等。

2. 图表的创建与编辑

为了更直观地进行数据分析，Excel 提供了丰富的图表功能，通过创建图表表现各个数据之间的关系和数据之间的变化情况，对数据进行对比和分析、预测。

Excel 2013 提供了柱形图、折线图、饼图、条形图、面积图、XY 散点图、股价图、曲面图、雷达图、组合 10 种分类，不同的数据适合用不同的图表来表现，Excel 2013 会根据数据类型推荐图表。

创建图表要指定需要用图表表示的单元格区域，即图表数据源；选定图表类型；根据所选定的图表格式，指定一些项目，如图表的方向，图表的标题，是否要加入图例等；设置图表位置，可以直接嵌入原工作表中，也可以放在新建的工作表中。

关于图表的编辑，选中已经创建的图表，即在 Excel 2013 窗口原来选项卡的位置右侧同时增加了"图表工具"选项卡，并提供了"设计"和"格式"选项卡，以方便对图表进行更多的设置与美化。

四、实验范例

制作如图 4.11 所示的表格。

1. 要求

（1）用公式计算“总评成绩”，“总评成绩”由“平时成绩”和“期末成绩”按 4:6 比例组成，精确到个位。

（2）用“自动求和”快速计算“平时成绩”“期末成绩”和“总评成绩”的平均值，精确到个位。

（3）用函数计算“名次”，按“总评成绩”排序，排位方式是“降序”。

（4）用函数统计各个学生“是否男生”。

（5）用函数统计“平时成绩”良好的人数，“良好”是成绩大于等于 80 且小于 90 的分数。

（6）以“姓名”列为横坐标轴数据，以“平时成绩”和“期末成绩”为纵坐标轴数据生成簇状柱形图。

2. 操作步骤

（1）用公式计算总评成绩

- 按图 4.11 所示格式制作表格。
- 选中 E3 单元格，首先输入等号“=”，在“=”后面输入“C3*0.4+D3*0.6”，然后按回车键，即得出张亮的总评成绩。
- Excel 2013 此时会在 E4:E17 自动创建计算列将公式采用相对引用粘贴到此列中各单元格，从而得到所有学生的总评成绩，如图 4.12 所示。

	A	B	C	D	E	F
1	成　绩　表					
2	姓 名	性 别	平时成绩	期末成绩	总评成绩	名次
3	张亮	男	92	70		
4	许合庆	男	60	33		
5	宋莲叶	女	75	54		
6	李珍	女	80	65		
7	李新平	女	98	94		
8	张新伟	男	50	23		
9	臧凤珍	女	60	83		
10	阎凤海	女	96	99		
11	阎思军	男	65	74		
12	董文生	男	81	65		
13	陆利广	男	79	89		
14	薛红亮	男	65	51		
15	段庆艳	女	84	60		
16	霍红星	男	98	96		
17	平均成绩					

图 4.11　成绩表原表

E3　fx　=C3*0.4+D3*0.6

	A	B	C	D	E	F
1	成　绩　表					
2	姓 名	性 别	平时成绩	期末成绩	总评成绩	名次
3	张亮	男	92	70	78.8	
4	许合庆	男	60	33	43.8	
5	宋莲叶	女	75	54	62.4	
6	李珍	女	80	65	71	
7	李新平	女	98	94	95.6	
8	张新伟	男	50	23	33.8	
9	臧凤珍	女	60	83	73.8	
10	阎凤海	女	96	99	97.8	
11	阎思军	男	65	74	70.4	
12	董文生	男	81	65	71.4	
13	陆利广	男	79	89	85	
14	薛红亮	男	65	51	56.6	
15	段庆艳	女	84	60	69.6	
16	霍红星	男	98	96	96.8	
17	平均成绩				0	

图 4.12　计算“总评成绩”

- 将 E17 中多余数值删除。
- 选中 E3：E16 区域，单击鼠标右键在出现的快捷菜单中选择“设置单元格格式”，在“单元格格式”对话框中单击“数值”，在“小数位数”中填“0 位”，单击“确定”按钮即将此列单元格中数值设置成精确到个位。
- 选中 C3：C16，在“公式”选项卡的“函数库”组中单击“自动求和”下边的下拉按钮，在出现的下拉框中单击“平均值”，在 C17 中即出现“平时成绩”的平均值，拖曳自动填充 D17：E17，得到“期末成绩”与“总评成绩”的平均值，将它们设置成精确到 0 位小数。

（2）用函数计算“名次”

选中 F3 单元格，在“公式”选项卡的“函数库”组单击“插入函数”，在“插入函数”对话框中选择函数类别为“统计”，在“选择函数”栏选择“RANK.AVG”，单击“确定”按钮出现“函数参数"对话框。

此函数的意义是返回某数字在一系列数字中相对于其他数值的大小排名，如果多个数值排名相同则返回平均值排名。此函数有 3 参数，第 1 个参数"Number"即指定的数字，在此栏中输入 E3 或在表中选择此单元格；第 2 个参数"Ref"是指数字组，单击此栏，输入"$E$3:$E$16"，此处一定要使用绝对引用，因为进行排序的数值区域是不变的；第 3 个参数"Order"是指定排名的方式，如果为 0 或忽略，为降序，如果是非零值，则为升序。因为此例中要求是降序，所以我们可以输入 0 或忽略。对话框设置如图 4.13 所示。单击"确定"按钮，"名次"列出现各个学生的排名，如图 4.14 所示。

姓 名	性 别	平时成绩	期末成绩	总评成绩	名次
张亮	男	92	70	79	5
许合庆	男	60	33	44	13
宋蓬叶	女	75	54	62	11
李珍	女	80	65	71	8
李新平	女	98	94	96	3
张新伟	男	50	23	34	14
臧凤珍	女	60	83	74	6
阎凤海	女	96	99	98	1
阎思军	男	65	74	70	9
董文生	男	81	65	71	7
陆利广	男	79	89	85	4
薛红亮	男	65	51	57	12
段庆艳	男	84	60	70	10
霍红星	男	98	96	97	2
平均成绩		77	68	72	

图 4.13 设置 RANK 函数参数对话框　　　　　图 4.14 RANK 函数执行结果

（3）IF 函数的使用

在表格右边添加一列，在 G2 单元格中输入"是否男生"，选中 G3 单元格，单击"公式"选项卡"函数库"组中的"插入函数"，在"插入函数"对话框中选择类别"常用函数"，在选择函数栏中选择 IF，单击"确定"按钮，出现"函数参数"对话框。

此函数的意义是判断是否满足某个条件，如果满足，返回一个值；如果不满足，返回另一个值。它有 3 个参数，第一参数"Logical_test"即为条件，要求是可能被计算为 true 或 false 的表达式，在这里我们输入"B3"或者单击 B3 单元格；第二个参数"Value_if_true"即当第一个参数返回值是 true 时单元格中的显示值，在此栏中我们输入"是"；第三个参数"Value_if_false"即当第一个参数返回值是 false 时单元格中的显示值，在此栏中我们输入"否"。参数对话框如图 4.15 所示。设置完参数后，单击"确定"按钮出现如图 4.16 所示的执行结果。

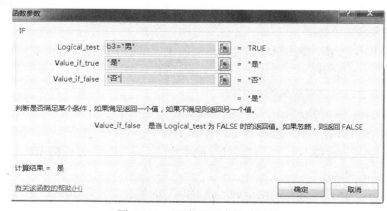

图 4.15 IF 函数设置参数对话框

姓 名	性 别	平时成绩	期末成绩	总评成绩	名次	是否男生
张亮	男	92	70	79	5	是
许合庆	男	60	33	44	13	是
宋莲叶	女	75	54	62	11	否
李珍	女	80	65	71	8	否
李新平	女	98	94	96	3	否
张新伟	男	50	23	34	14	是
臧凤珍	女	60	83	74	6	否
阎凤海	女	96	99	98	1	否
阎思军	男	65	74	70	9	是
董文生	男	81	65	71	7	是
陆利广	男	79	89	85	4	是
薛红亮	男	65	51	57	12	是
段庆艳	女	84	60	70	10	否
霍红星	男	98	96	97	2	是
平均成绩		77	68	72		

图 4.16 IF 函数执行结果

（4）用函数统计成绩良好人数

单击 C18 单元格，单击同"公式"选项卡"函数库"组的"插入函数"，在"插入函数"对话框中选择类别"常用函数"，在选择函数栏中选择 COUNTIF，单击"确定"按钮，出现"函数参数"对话框。

此函数的意义是计算某个区域中满足给定条件的单元格个数，它有两个参数，第一个参数"Range"代表区域，在此处我们输入 C3：C16 或在表中选中此区域；第二个参数"Criteria"为用数字、表达式或文本形式定义的条件，此处我们输入">=80"，此时对话框如图 4.17 所示，单击"确定"按钮即出现如图 4.18 所示的执行结果。

此时 C18 单元格中的数据是平时成绩>=80 的人数，而我们要求的是平时成绩大于等于 80 且小于 90 的人数，所以在这里还要再运用一次 COUNTIF 函数：在表格上方的公式栏中，在"=COUNTIF（C3：C16，">=80"）"后面输入"COUNTIF（C3：C16，"＜90"），此时公式为函数表达式，按 Enter 键，即得如图 4.19 所示的结果。

图 4.17 COUNTIF 函数参数对话框

图 4.18 执行 COUNTIF 函数结果

（5）绘制图表
- 在表格中选中 A2：A16 与 C2：D16 两个不连续区域，单击"插入"选项卡"图表"组中的"插入柱形图"，出现如图 4.20 所示的图形。
- 单击图表，在出现的"图表工具"的"设计"选项卡中单击"快速布局"下拉框中的"布局 9"。

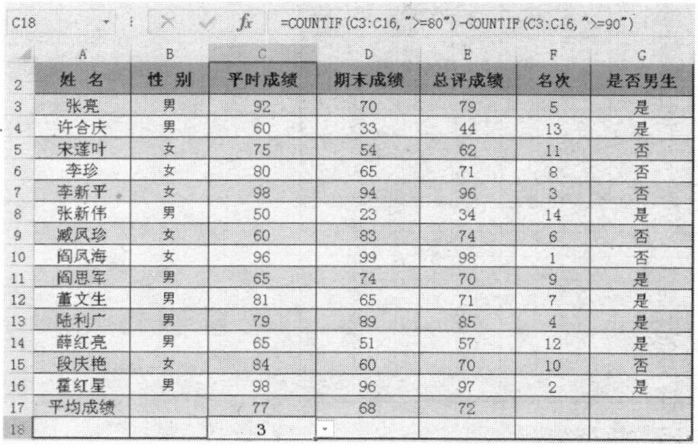

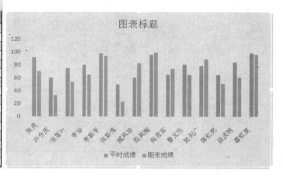

图 4.19 执行函数表达式结果

图 4.20 插入簇状柱形图

- 将横、纵坐标分别填写为"姓名"和"成绩"，将图表标题填写为"学生成绩"，并进行字体格式设置。
- 单击绘图区，在"图表工具"的"格式"选项卡中的"形状样式"组中单击"形状填充"，选择一种浅绿色。再单击图表区，在"图表工具"的"格式"选项卡中的"形状样式"组中单击"形状填充"，选择一种浅黄色，完成关于图表格式的设置。最终效果如图 4.21 所示。

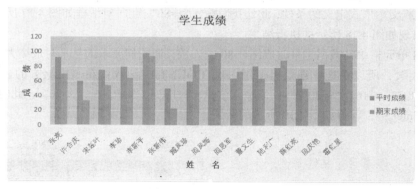

图 4.21 格式化图表效果

第5章
演示文稿 PowerPoint 2013

主教材第 5 章主要讲述了利用 PowerPoint 2013 制作 PPT 的方法，通过本章的两个实验：演示文稿的创建与修饰和动画效果设置，使学生由浅入深地掌握 PowerPoint 2013 的使用方法和技巧。通过本章的学习，学生可以制作符合实际需要的 PPT，以满足学习和工作的需要。

实验一　演示文稿的创建与修饰

一、实验学时

2 学时。

二、实验目的

◇学会创建演示文稿。
◇学会修改幻灯片中的文字及在幻灯片中插入图片。
◇学会将模板应用在幻灯片上。
◇学会在幻灯片上自定义动画。
◇了解如何在幻灯片上插入声音。
◇学会使用超级链接。
◇学会对幻灯片的放映进行设置。

三、相关知识

PowerPoint 是一款专门用来制作演示文稿的应用软件，也是 Microsoft Office 系列软件中的重要组成部分。使用 PowerPoint 可以制作出集文字、图形、图像、声音以及视频等多媒体元素为一体的演示文稿，让信息以更轻松、更高效的方式表达出来。Microsoft 公司最新推出的 PowerPoint 2013 办公软件除了拥有全新的界面外，还添加了许多新功能，使软件应用起来更加方便快捷。

PowerPoint 2013 在继承了旧版本优秀特点的同时，明显调整了工作环境及工具按钮，从而使操作更加直观和便捷。此外，PowerPoint 2013 还新增了如下一些功能和特性：

（1）新增和改进的演示者工具；

（2）友好的宽屏；

（3）在 PowerPoint 2013 中启动联机会议；

（4）均匀地排列和隔开对象；

（5）新的取色器，可实现颜色匹配；

（6）共享用户的 Office 文件并保存到云；

（7）用户可以显示或隐藏批注和修订。

作为初用者，怎样制作出一个比较好用的 PowerPoint（以下简称 PPT）演示文稿？有哪些需要注意的地方？我们根据实践经验，提出以下建议。

1. 注意每张幻灯片的内容不要太多

初学者使用 PPT 最容易犯的毛病就是直接将其代替黑板，把所要讲授的全部内容都放在 PPT 上。这样制作，比较方便，同时又不容易遗漏内容，有利于演讲者讲解，但这样的 PPT 看起来内容密密麻麻，学生难以在有限时间内掌握全部内容，不利于突出重点，更不容易做笔记。因此，在制作 PPT 时，要尽量突出重点，如果能将一段话中的几个要点突显出来，效果会更好。往往有这样的情况，演讲者在演讲过程中可能会用到一些数据和引文，可以将其放在备注页中，在放映过程中需要使用时单击鼠标右键，在弹出的快捷菜单中选择"备注页"即可进行显示。

2. 注意颜色的搭配

幻灯片是背景与文字、图片、图表的组合。选用科学合理的颜色搭配有助于制作出漂亮的幻灯片。对于并不一定具有色彩学基础的大多数人来说，最简单的方法是使用幻灯片自带的配色方案。在实际制作的过程中，我们发现少数人在配色方案中存在一些问题，针对这些问题，归纳起来需要做到以下几点。

（1）尽量避免过分鲜明的色彩

在背景中使用过分鲜明的色彩，对受众的视觉会产生较大的刺激，难以产生愉悦的感觉，而黑色、大红或蓝色等往往容易给人以较强烈的视觉影响。

（2）注意背景与文字、图表（内容）的色彩搭配

为使幻灯片的内容看起来清晰，背景与内容的颜色搭配不能采用深、深搭配或浅、浅搭配。如深红、黑色、深蓝等不能构成背景与内容的搭配，同时浅黄与浅蓝、白色之间色差不够大也不能构成背景与内容的搭配。以下几种配色方案值得推荐。

① 深红浅黄搭配，尤其是深红与浅黄文字配，有一种喜庆的感觉；

② 深绿、白搭配；

③ 蓝、白或绿、白搭配；

④ 白底黑字；

⑤ 浅黄底黑字或蓝字等。

不合理的搭配首先会导致文字不清晰，让人看不清楚；其次会让人看了不舒服。特别要注意的是，使用显示器可以看清楚的幻灯片在使用投影仪时，由于存在一定的颜色失真会导致显示出来的效果并不好，有时甚至根本看不清楚。

3. 注意避免不当的动画与声音安排

在幻灯片中适当添加动画可以增加趣味性，同时也便于增强听众的印象。但一般来说，如果不是自动播放，就不要设置动画和声音。特别是在演讲者边演讲边放映时，设置动画和声音会干扰演讲者的演讲效果。在需要设置动画时，应该注意以下几点。

（1）标题一般不应设置成动画效果

标题一旦设置成动画效果，首先展现在听众面前的将是一个空白的幻灯片，然后再通过动画将标题展现出来，会给人一种浪费时间的感觉。同时标题设置成动画也不利于突出重点。

（2）慎用单字飘入方式

因为单字飘入节奏较慢，不利于快节奏的演讲。如果是专为演讲制作的幻灯片，最好不加入

声音。如果需要加入声音，也要力避那些过于强烈和急促的声音；在自动播放音乐时，最好是能根据演讲内容选择音乐。

4. 注意适当使用图表和漫画

图片和表格有利于用较少的空间集中表现内容，仅需配以较少的文字就可以达到很好的效果。另外，根据适当的内容配以少量的漫画、卡通或照片有利于调动听众的兴趣，增强演讲效果。但要注意不可在每张幻灯片上添加过量，否则容易喧宾夺主，影响效果。在选择照片或图片时，要注意图片与所表现的内容要具有相关性。

5. 关于默认排版的几个问题

PowerPoint 软件提供了大量的文档模板，初学者可以在其中进行挑选。它的好处是可以减少制作者自行设计母版的工作，用较少的时间和精力制作出较为满意的 PPT 课件。但在实际使用中有几点值得注意。

（1）改造模板的默认版式

模板的默认版式上有一个被称作"占位符"的部件，它的性质相当于我们通常所说的文本框，用来放置文本内容、表格、图片和媒体文件。在占位符内输入文本时，可以像编辑其他 Word 文档一样进行编辑排版，也可以根据自己的需要改变占位符的大小和位置，以满足制作的需要。可以在填写每张幻灯片内容之前先单击一下项目符号按钮，以消除每行开始的点符号。当然，如果不满意这种占位符的方法，例如，要在上面粘贴图片或表格，我们也可以将这个文本框删去，然后在空白幻灯片上粘贴所要放置的内容。

（2）根据内容变换幻灯片的版面布局

当选择"新建幻灯片"时，会弹出各种版式的提示框。这些提示框共有以下几类：文字版式、内容版式、内容和文字版式及其他版式等。其中，文字版式有横排、竖排、一栏和两栏等几种格式。在内容版式里面可以插入表格、图表、联机图片剪贴画、图片、SmartArt 图形组织结构图以及媒体剪辑等内容，其中，媒体剪辑对于语言类教学很有用处，它可以将语言录音后制作成媒体文件插入其中，在教学过程中进行播放；幻灯片的内容版式也和文字版式一样分为一项内容、两项内容、一大两小、两小一大和四项内容等几种版式。我们可以根据讲授内容的需要来选取合适的版式。如果觉得当前占位符不满足编辑内容的需要，也可以删除它，重新安排自己要编辑的内容。

（3）根据需要改变占位符

可以根据自身的需要锁定占位符的大小、指定占位符的位置。

在"视图"选项卡上，单击"幻灯片母版"。在该版式上，单击要更改的占位符，然后执行下列操作之一：若要调整占位符的大小，请指向它的一个尺寸控点，并在指针变为双向箭头时拖动此句柄；要调整占位符的位置，请指向它的一个边框，并在指针变为四向箭头时将占位符拖动到一个新的位置。更改完成后，在"幻灯片母版"选项卡上，单击"关闭母版视图"。

（4）幻灯片设计的默认格式

幻灯片除有默认版式以外，还有"幻灯片设计"的默认格式。

在"幻灯片设计"的默认格式中，又可分为幻灯片的"设计模板""配色方案"和"动画方案"等内容。其中，"设计模板"主要是关于母版的默认设计，而配色方案则重在背景色与前景（文字、符号）色的搭配。

总之，一个较好的 PPT 演示文稿并不在于它的制作技术有多高，动画做得多美，最关键的还是要实用。实用的标准就是以下几点：

一是内容突出，言简意赅；二是字体内容清晰，一目了然；三是制作简便，省时省力。正是这3个特点使得 PPT 演示文稿成为大多数人乐于采用的一种方式。但真正要使用 PPT 制作出一个较为满意的幻灯片，则需要有一个较长期的摸索与实践的过程。

四、实验范例

1. 创建演示文稿

新建演示文稿的方式有多种：用内容提示向导建立演示文稿，系统提供了包含不同主题、建议内容及其相应版式的演示文稿示范，供用户选择；用模板建立演示文稿，可以采用系统提供的不同风格的设计模板，将它套用到当前演示文稿中；用空白演示文稿的方式创建演示文稿，用户可以不拘泥于向导的束缚及模板的限制，发挥自己的创造力制作出独具风格的演示文稿。

（1）新建演示文稿

启动 PowerPoint 2013 后，系统会出现图 5.1 所示的界面，用户可以直接单击"空白演示文稿"或者是系统模板"环保""离子"等来进行新演示文稿的创建。

图 5.1 "新建演示文稿"窗口

创建新的演示文稿的具体操作步骤如下。

单击窗口左上角的"文件"按钮（如图 5.2 所示），在弹出的命令项中选择"新建"（如图 5.3 所示），系统会在右侧显示各种模板，用户可以选择任何一个模板来创建一个新的演示文稿。

图 5.2 PowerPoint 2013 中的"文件"按钮

　　单击图 5.2 所示窗口中的"新建幻灯片"按钮，系统自动在演示文稿中出现新的幻灯片。可以根据自己的需要选择版式，对于每个幻灯片可以定义不同的版式。首先选中需要更改版式的幻灯片（系统自动会以反色显示，如图 5.2 中所示的编号为 1 的幻灯片），然后单击工具栏中的"幻灯片版式"按钮。可以根据自己的需要来调整所需的版式，对于每一张幻灯片，可以对其进行很多种操作，右键单击该幻灯片，在弹出的菜单中就会出现可进行的操作。例如，幻灯片的新建、复制、粘贴与设计，后面会详细介绍。

　　（2）保存和关闭演示文稿

　　① 保存新演示文稿。单击图 5.3 所示窗口中的"保存"按钮，系统弹出如图 5.4 所示的"另存为"窗口，在该界面中双击"计算机"，出现图 5.5 所示的"另存为"对话框。在该对话框中选择保存路径、驱动器、文件夹的位置；在"文件名"框中输入文件名即可。

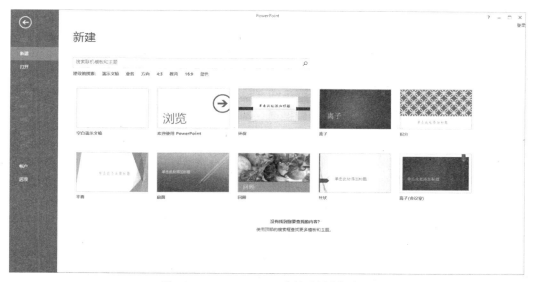

图 5.3　PowerPoint 2013 中的"新建"窗口

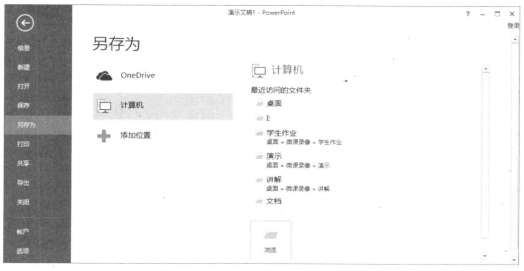

图 5.4　PowerPoint 2013 的"另存为"窗口

图 5.5　"另存为"对话框

② 另存文件。如果想在原有的幻灯片的基础上修改文件,可将原有幻灯片另存为一个新文件,再进行修改。保存路径、驱动器、文件夹的位置、文件名均视情况而定。

2. 编辑演示文稿

（1）新建幻灯片

在演示文稿中新建幻灯片的方法很多,主要有以下几种。

① 在大纲视图的结尾按回车键。

② 单击"插入"｜"新建幻灯片"命令。

③ 单击常用工具栏的"新建幻灯片"按钮。

用第一种方法,会立即在演示文稿的结尾出现一张新的幻灯片,该幻灯片直接套用前一张幻灯片的版式;用后两种方法,会在屏幕上出现一个"新幻灯片"对话框,可以非常直观地选择所需版式。

（2）编辑、修改幻灯片

选择要编辑、修改的幻灯片,选择其中的文本、图表、联机图片等对象,具体的编辑方法和Word 类似。

（3）插入和删除幻灯片

① 添加新幻灯片:可以在幻灯片浏览视图中进行,也可以在普通视图的大纲窗格中进行,其效果是一样的。

a. 选择需要在其后插入新幻灯片的幻灯片。

b. 单击常用工具栏上的"新建幻灯片"按钮,或者单击"插入"｜"新建幻灯片"命令。

c. 从"新建幻灯片"对话框中选择所需版式,单击"确定"按钮。

② 删除幻灯片:方法如下。

a. 在幻灯片浏览视图中或大纲视图中选择要删除的幻灯片。

b. 单击鼠标右键,在弹出的快捷菜单中选择"删除幻灯片"命令,或按 Delete 键。若要删除多张幻灯片,需切换到幻灯片浏览视图,按下 Ctrl 键并单击要删除的各幻灯片,然后单击"删除幻灯片"。

（4）调整幻灯片位置

调整幻灯片位置可以在除"幻灯片放映"视图以外的任何视图进行。

① 用鼠标选中要移动的幻灯片。

② 按住鼠标左键，拖曳鼠标到合适的位置后松开鼠标左键，在拖曳过程中有一条横线指示幻灯片的位置。

此外，还可以用"剪切"和"粘贴"命令来移动幻灯片。

（5）为幻灯片编号

演示文稿创建完后，可以为全部幻灯片添加编号，其操作方法如下。

① 单击"插入"|"页眉和页脚"命令，如图 5.6 所示，弹出如图 5.7 所示的对话框。

图 5.6　PowerPoint 2013 中的插入"页眉和页脚"命令

图 5.7　"页眉和页脚"对话框

② 单击"幻灯片"选项卡，为幻灯片添加信息。单击"备注和讲义"选项卡，为备注和讲义添加信息。

③ 根据需要，单击"全部应用"或"应用"按钮。

（6）隐藏幻灯片

用户可以把暂时不需要放映的幻灯片隐藏起来。

① 切换到"幻灯片浏览视图"，单击要隐藏的幻灯片。

② 单击"幻灯片放映"选项卡下的"隐藏幻灯片"按钮，该幻灯片右下角的编号上出现一条斜杠，表示该幻灯片被隐藏。

若想取消隐藏幻灯片，则选中该幻灯片，再单击一次"隐藏幻灯片"按钮。

3. 在幻灯片中插入各种对象

（1）插入图片和艺术字对象

① 在普通视图或幻灯片视图中，选择要插入图片或艺术字的幻灯片。

② 根据需要，选择菜单栏中的"插入"|"图像"|"联机图片"或"图片"，"艺术字"命令，弹出如图 5.8 所示的对话框。

插入的对象处理以及工具使用情况和 Word 相似。

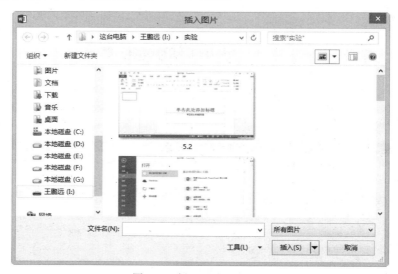

图 5.8 "插入图片"选项卡

（2）插入表格和图表

① 在普通视图或幻灯片浏览视图中，选择要插入表格或图表的幻灯片。

② 根据需要，选择菜单栏的"插入"|"表格"或"图表"命令。

③ 如果插入的是表格，在对话框的"行"和"列"框中分别输入所需的表格行数和列数，对表格的编辑与 Word 中相似。

④ 如果插入的是图表，会启动 Microsoft Graph，在幻灯片上将显示一个图表和相关的数据。根据需要，修改表中的标题和数据，对图表的具体操作和 Excel 中对图表的操作相似。

（3）插入 SmartArt 图形

① 在普通视图或幻灯片视图中，选择要插入 SmartArt 图形的幻灯片。

② 选择菜单栏的"插入"|"插图"|"SmartArt"命令。

③ 使用层次结构图的工具和菜单来设计图表，如图 5.9 所示。

对于已插入对象的删除，可先选中要删除的对象，然后按 Delete 键。

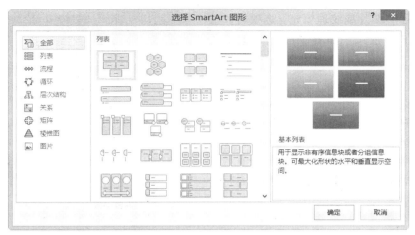

图 5.9 插入层次组织结构图

4. 放映幻灯片

（1）选择要观看的幻灯片。

（2）选择"幻灯片放映"菜单中的"开始放映幻灯片"选项。

（3）单击鼠标左键切换幻灯片。

（4）按 Esc 键退出放映。

5. PowerPoint 效果设置

根据前面的实验内容，准备 5 张幻灯片，内容自定，然后做修改幻灯片背景的操作。

背景是幻灯片外观设计中的一个部分，它包括阴影、模式、纹理、图片等。如果创建的是一个空白演示文稿，可以先为幻灯片设置一个合适的背景；如果是根据模板创建的演示文稿，当其和新建主题不适合时，也可以改变背景。设置幻灯片背景的方法如下。

（1）新建一篇空白演示文稿，选择"设计"选项卡，在"自定义"栏中单击"设置背景格式"。

（2）弹出图 5.10 所示的标签页，背景格式的填充有纯色填充、渐变填充、图片或纹理填充、图案填充等。

（3）当选择"纯色填充"时，单击该标签页右下侧的"油漆桶"图标，出现图 5.11 所示的"主题颜色"和"标准色"。如果还想使用更丰富的颜色，可以单击"其他颜色"或者在"取色器"中进行配色。

图 5.10 "设置背景格式"标签页

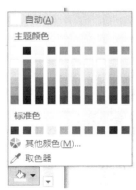

图 5.11 "纯色填充"的颜色选取图

（4）选择了"图片或纹理填充"选项后，当选择纹理填充时，会出现如图 5.12 所示的纹理图案；当选择图片填充时，会出现如图 5.13 所示的"插入图片"对话框。

（5）若选择"渐变填充"，可以在如图 5.14 所示的"预设渐变"中选择方案；也可以在该标签页中根据需要设置如图 5.15 所示的参数。

（6）如果要将设置的背景应用于同一演示文稿中的所有幻灯片中，可以在背景设置完成后，单击"设置背景格式"对话框中的"全部应用"按钮。

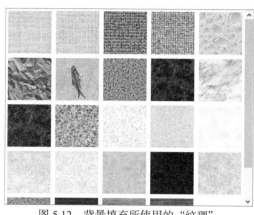

图 5.12　背景填充所使用的"纹理"

（7）如果要对同一演示文稿中的不同幻灯片设计不同的背景，只要选中该幻灯片，进行上述操作，不选中"全部应用"按钮即可。如图 5.16 所示就是对不同幻灯片设计不同背景的效果。

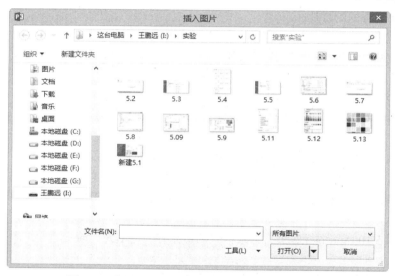

图 5.13　背景填充插入图片时的"插入图片"对话框

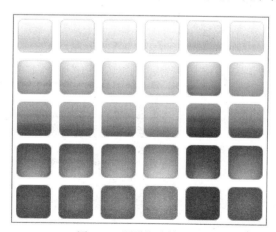

图 5.14　预设渐变效果图

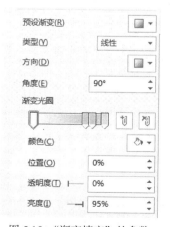

图 5.15　"渐变填充"的参数

图 5.16　幻灯片不同背景的设计

五、实验要求

（1）设计一个介绍中国传统节日（任意选择一个）的演示文稿。

要求：制作成幻灯片，并满足以下要求。

① 幻灯片不能少于 5 张。

② 第 1 张幻灯片是"标题幻灯片"，其中副标题中的内容必须是本人的信息，包括姓名、专业、年级、班级、学号、考号。

③ 其他幻灯片中要包含与题目要求相关的文字、图片或艺术字。

④ 除"标题幻灯片"之外，每张幻灯片上都要显示页码。

⑤ 选择 1 种"应用设计模板"或者"背景"对文件进行设置。

（2）设计 1 个和"国际消费者权益日"相关的演示文稿。

要求：制作成幻灯片，并满足以下要求。

① 幻灯片不能少于 5 张。

② 第 1 张幻灯片是"标题幻灯片"，其中副标题中的内容必须是本人的信息，包括姓名、专业、年级、班级、学号、考号。

③ 其他幻灯片中要包含与题目要求相关的文字、图片或艺术字。

④ 除"标题幻灯片"之外，每张幻灯片上都要显示页码。

⑤ 选择一种"应用设计模板"或者"背景"对文件进行设置。

实验二　动画效果设置

一、实验学时

2 学时。

二、实验目的

◇学会在幻灯片上自定义动画。

◇了解如何在幻灯片上插入声音。

三、相关知识

1. 预设动画功能

首先将视图方式切换为幻灯片视图，单击选中需要增加动画效果的对象，然后单击"幻灯片放映"菜单，选择"预设动画"项，便会出现 PowerPoint 所预设的动画效果子菜单。可以根据自己的爱好，挑选动画效果。如果想观察各种动画效果，可以单击"幻灯片放映"菜单上的"动画预览"项，演示动画效果。

2. 自定义动画功能

选中幻灯片视图，通过拖动工作窗口右侧的滚动条，让欲添加动画效果的演示文稿出现在工作窗口中。在菜单条上选中"幻灯片放映/自定义动画"，则屏幕上出现"自定义动画"对话框。

（1）选中对象。单击"时间"，出现"无动画的幻灯片对象"对话框，其中列出了演示文稿上所有未设置动画效果的对象的名称。选中欲演示动画的对象，单击"启动动画"框中的"播放动画"选项，此时，该对象名称自动从"无动画的幻灯片对象"框中移入左上部"动画顺序"框中。而且在预览窗口中，该对象也呈现选中状态，对象周围出现选中框。

（2）设计动画播放方式。如果想通过以单击对象的方式激活动画，则选中"启动动画"框中的"单击鼠标时"；如果想要实现自动启动动画，则单击选中"在前一事件后"，然后在其后的数值框中输入间隔时间数，则在演示时，该对象的动作就会在前一动作完成相应时间后自动启动。

（3）设计动画及伴音效果。用鼠标单击"效果"，出现"动画和声音"对话框，含有上、下两个下拉式选择框。上部的选择框用于设置动画效果，单击选择框右侧的下拉按钮，选取喜欢的动画效果即可。下部的选择框用来为所设置的动画选配伴音效果，如欲加入自己准备的伴音，则单击列表末端的"其他声音..."项，在"添加声音"对话框中指定好事先准备的声音文件的名称和路径，单击"确定"按钮即可。当设置完成后，可以通过单击"预览"按钮，在预览窗口观察动画效果。

四、实验范例

1. 设置幻灯片切换效果

幻灯片切换效果是指一张幻灯片如何从屏幕上消失，以及另一张幻灯片如何显示在屏幕上的方式。幻灯片切换方式可以是简单地以一个幻灯片代替另一个幻灯片，也可以使幻灯片以特殊的效果出现在屏幕上。可以为一组幻灯片设置同一种切换方式，也可以为每张幻灯片设置不同的切换方式。使用幻灯片切换方案如下。

（1）选择要设置切换方式的幻灯片，选择"切换"选项卡，在"切换到此幻灯片"栏中单击"切换方案"按钮，弹出如图 5.17 所示的下拉框。

（2）在下拉框中选择合适的动画效果。

（3）在"切换到此幻灯片"栏中单击"切换声音"按钮，弹出如图 5.18 所示的下拉框。

（4）在下拉框中选择想要的声音，如"鼓掌"声，可根据需要设置"持续时间"。

（5）单击"切换到此幻灯片"栏中的"全部应用"按钮。

（6）将上述设置全部应用后，在"幻灯片"任务窗口中所有的幻灯片缩略图的编号下方都会出现一个标志。单击"预览"栏中的"预览"按钮，对设置效果进行预览。

图 5.17　"切换方案"下拉框 　　　　　　　　图 5.18　"切换声音"下拉框

（7）在"切换声音"下拉框中选择"其他声音"选项，在打开的"添加声音"对话框中选择需要的声音文件，单击"确定"按钮就可以将其添加为切换声音。

（8）在"切换到此幻灯片"栏中的"切换方式"进行效果设置，如图 5.19 所示。

2. 快速设置对象动画效果

可通过 PowerPoint 2013 提供的几种常见的幻灯片对象的动画效果来对幻灯片进行快速动画效果设置，方法如下。

（1）选择幻灯片中需要设置动画效果的对象，选择"动画"选项卡。

（2）在"动画"栏中单击"动画"按钮，弹出如图 5.20 所示的下拉框。

图 5.19　"切换速度"下拉框

图 5.20　动画效果选项

（3）在弹出的下拉框中选择需要的动画，如"旋转"选项。

（4）设置完对象动画效果后，单击"预览"按钮进行预览。

3. 自定义对象效果

在 PowerPoint 中，还可进行自定义动画。所谓自定义动画，是指为幻灯片内部各个对象设置的动画。它又可以分为项目动画和对象动画。其中，项目动画是指为文本中的段落设置的动画，对象动画是指为幻灯片中的图形、表格、SmartArt 图形等设置的动画。

（1）添加自定义动画效果

添加自定义动画效果的方法如下。

① 选择幻灯片中需要设置动画效果的对象，选择"动画"选项卡。在"高级动画"栏中选择"添加动画"按钮，同样出现如图 5.20 所示的动画效果选项。

② 在动画效果的分类命令，如进入、强调、退出和动作路径中进行选择。

（2）添加自定义动画效果

当为对象添加了动画效果后，该对象就应用了默认的动画格式。这些动画格式主要包括动画开始运行的方式、变化方向、运行速度、延时方案、重复次数等。为对象重新设置动画选项可以在"自定义动画"任务窗格中完成。

① 更改动画格式

a. 在如图 5.21 所示的"高级动画"的"动画窗格"中，单击动画窗格列表中的"动画效果"按钮，在该动画效果周围将出现一个边框，表示该动画效果被选中。该动画效果的右侧出现一个向下的箭头，单击打开，如图 5.22 所示。

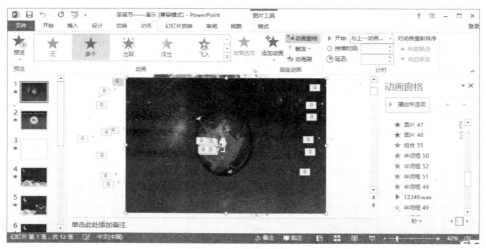

图 5.21 "动画窗格"

b. 单击"删除"按钮，将当前动画效果删除。

c. 在如图 5.22 所示的下拉框中，单击"效果选项"命令，出现如图 5.23 所示的动画效果参数设置的对话框，对"开始""方向"和"速度"进行设置来调整动画的格式。

② 调整动画播放序列

在给幻灯片中的多个对象添加动画效果时，添加效果的顺序就是指幻灯片放映时的播放次序。当幻灯片中的对象较多时，难免在添加效果时会使动画次序产生错误，这时可以在动画效果添加完成后，再对其进行重新调整。

a. 在"自定义动画"任务窗格的动画效果列表中，单击需要调整播放次序的动画效果。

图 5.22　"动画"设置　　　　图 5.23　"开始""方向"和"速度"设置图

b. 单击窗格底部的"上移"按钮或"下移"按钮来调整该动画的播放次序。

单击"上移"按钮表示将该动画的播放次序提前，单击"下移"按钮表示将该动画的播放次序向后移一位。

c. 单击窗格底部的"播放"按钮就可以播放动画了。

五、实验要求

（1）以环保为主题设计一个宣传片

要求：制作成幻灯片，并满足以下要求。

① 幻灯片不能少于 5 张。

② 第 1 张幻灯片是"标题幻灯片"，其中副标题中的内容必须是本人的信息，包括姓名、专业、年级、班级、学号、考号。

③ 其他幻灯片中要包含与题目要求相关的文字、图片或艺术字，并且这些对象要通过"自定义动画"进行设置。

④ 除"标题幻灯片"之外，每张幻灯片上都要显示页码。

⑤ 选择一种"应用设计模板"或者"背景"对文件进行设置。

⑥ 设置每张幻灯片的切入方法。

（2）设计一个你看过的电影或电视剧海报

要求：制作成幻灯片，并满足以下要求。

① 幻灯片不能少于 5 张。

② 第 1 张幻灯片是"标题幻灯片"，其中副标题中的内容必须是本人的信息，包括姓名、专业、年级、班级、学号、考号。

③ 其他幻灯片中要包含与题目要求相关的文字、图片或艺术字，并且这些对象要通过"自定义动画"进行设置。

④ 除"标题幻灯片"之外，每张幻灯片上都要显示页码。

⑤ 选择一种"应用设计模板"或者"背景"对文件进行设置。

⑥ 设置每张幻灯片的切入方式。

第6章
多媒体技术及应用

主教材第 6 章以 Authorware 软件为制作平台，讲述了多媒体应用系统的设计方法。本章通过 Authorware 的基本操作和高级操作两个实验，使学生了解 Authorware，了解多媒体技术的相关概念，能够运用 Authorware 进行常用多媒体的制作。

实验一　Authorware 的基本操作

一、实验学时

2 学时。

二、实验目的

◇ 了解 Authorware 的运行环境。

◇ 熟悉 Authorware 的设计环境，掌握使用 Authorware 进行多媒体应用系统设计的方法。

三、相关知识

1. Authorware 简介

在各种多媒体应用软件的开发工具中，Macromedia 公司推出的多媒体制作软件 Authorware 是不可多得的开发工具之一。Authorware 采用面向对象的设计思想，是一种基于图标（icon）和流线（line）的多媒体开发工具。它把众多的多媒体素材交给其他软件处理，本身则主要承担多媒体素材的集成和组织工作。Authorware 操作简单，程序流程明了，开发效率高，并且能够结合其他多种开发工具，共同实现多媒体的功能。它易学易用，不需大量编程，使得不具有编程能力的用户也能创作出一些高水平的多媒体作品，对于非专业开发人员和专业开发人员都是一个很好的选择。

Authorware 软件具有如下特点。

（1）提供积木式的图标创作方法和面向对象的创作环境

Authorware 为多媒体应用系统开发者提供了一种堆积木式的创作方法和一个面向对象的创作环境，使用多个功能图标，不同的图标被看作不同的对象，可以随意穿插或叠合。开发人员不需要程序设计语言的编程经验，只需将多媒体应用系统划分为相对独立的媒体素材片断和逻辑分支，使之能用图标分别表示，然后将这些图标用流程图的方式有机地结合在一起，即可完成丰富多彩、画面生动的多媒体应用系统。

（2）提供高效的多媒体集成环境

通过 Authorware 自身的多媒体管理机制和多种外部接口，开发者可以充分地利用包括声音、文字、图像、动画和数字视频等在内的多种内容，将它们有效地集成在一起，形成具有充分表现力的多媒体应用系统。

Authorware 的主要媒体处理功能有：对文本对象具有丰富的控制功能，允许用户自由选择字体、文本、大小、颜色，支持超文本功能；支持多种格式的图形及图像，可利用其内部的绘图工具或图形函数绘画界面，而且其内部就具有移动图标控制功能，利用这些功能可用一系列图片产生电影效果；支持多种格式的视频文件，可以方便地加载视频信息，设置播放区幅面，选择播放视频信息中的一个片段，还可对视频信息的播放进行其他控制；支持多种格式的声音文件，可以方便地加载声音，并控制其播放速度、回放次数及播放条件等。

（3）提供强大的逻辑结构管理功能

Authorware 提供了直观的图标控制多媒体演示界面，无需编程，只使用流程线及一些工具图标，就可以达到某些编程软件经过复杂的编程才能达到的效果。Authorware 利用对各种图标的逻辑结构布局，来实现整个应用系统的制作，逻辑结构管理是 Authorware 的核心部分。Authorware 程序运行的逻辑结构主要是通过所有图标在流程线上的相应位置来反映整个体系的。对于分支流程，可以设定选择分支的方法，如随机选择、变量选择、顺序选择等，对于循环流程，可以设定循环的次数、循环的终止条件等。通过这种方法可以把整个系统划分为若干子系统，并逐级细化，直至每一个最底层模块。Authorware 引进了页的概念，提供了框架图标和导航图标，可以实现超文本与超媒体链接。

（4）提供丰富、灵活的交互方式

Authorware 提供了 10 余种交互方式供开发者选择，以适应不同的需要。除了一般常见的交互方式，如按钮、菜单、键盘、鼠标等之外，Authorware 还提供了热区响应、热对象响应、目标区响应等多种交互控制方式。

（5）具有丰富的变量和函数

Authorware 提供了 10 余类、200 余种变量和函数，这些函数与变量提供了对数据进行采集、存储与分析的各种手段。开发者巧妙地运用这些函数和变量，可以对多媒体应用系统的演示效果进行细致入微的控制。

（6）提供模块与库功能

模块和库这两种功能是为优化软件开发与运行而提供的制作技术。通过模块功能，可以最大限度地重复利用已有的 Authorware 代码，避免不必要的重复性开发。通过对库的管理，使庞大的多媒体数据信息独立于应用程序之外，避免了数据多次重复调入，减小了应用程序所占的空间，从而优化了应用程序，提高了主控程序的执行效率并减少了程序所占空间。

（7）具有广泛的外部接口

Authorware 除了具备各种创作功能外，还为开发者提供了多种形式的外部接口，常用的数据接口有：Director、C 语言等。而且 Authorware 支持 OLE 技术，使开发者可以方便地利用其他开发工具制作多媒体数据文件。Authorware 为扩展功能提供了相应的标准，接在 Windows 操作系统中支持 DLL 格式的外部动态链接库,使具备专业编程知识的开发人员及有特殊要求的用户可以方便地扩充 Authorware 的功能。

（8）提供网络支持

一方面，Authorware 应用了多媒体的 Internet 传输技术，制作出的应用程序支持网络操作，通过该项技术，可将 Authorware 制成的多媒体应用系统快速地发布到 Internet 上，在网上提供各种在 Authorware 中创建的交互信息；另一方面，通过 ActiveX 控件的浏览器，Authorware 也可以让用户在其应用程序中浏览 Internet 上的内容。

（9）跨平台体系结构

Authorware 是一套跨平台的多媒体开发工具，无论是在 Windows 还是 Macintosh 平台上，均提供了几乎完全相同的工作环境，这使之成为目前少有的可以方便地进行这两种平台移植的多媒体创作工具。它提供存储 For Windows 及 For Macintosh 的文件格式，可以方便地在这两个平台间调用及存储 Authorware 应用程序。

（10）独立的应用系统

Authorware 可以把制作的多媒体产品进行打包，生成 EXE 文件。该文件能够脱离开发环境，作为 Windows 的应用程序来运行。也可以制作成播放文件，带上 Authorware 提供的播放器而独立于 Authorware 环境运行。

2. 操作界面

同许多 Windows 程序一样，Authorware 具有良好的用户界面。Authorware 的启动，文件的打开和保存、退出这些基本操作都和其他 Windows 程序类似。下面仅介绍 Authorware 7.0 的菜单栏、常用工具栏和图标工具栏。

（1）菜单栏

Authorware 的菜单栏如图 6.1 所示。

图 6.1　菜单栏

- 文件菜单：用于对文件的基本操作，如新建文件、打开文件、保存文件、将文件打包、退出等操作功能。
- 编辑菜单：提供编辑主流线上图标和画面的功能，如剪切、复制、粘贴、组合等功能。
- 查看菜单：查看当前图标，并具有改变文件属性和窗口设置等功能。
- 插入菜单：用于引入知识对象、图像和 OLE 对象等。
- 修改菜单：用于修改图标、图像和文件的属性，建组及改变前景和后景的设置等。
- 文本菜单：提供丰富的文字处理功能，用于设定文字的字体、大小、颜色、风格等。
- 调试菜单：用于调试程序。
- 其他菜单：用于库的链接及查找显示图标中文本的拼写错误等。
- 命令菜单：里面有关于 RTF 编辑器和查找 Xtras 等内容。
- 窗口菜单：用于打开展示窗口、库窗口、计算窗口、变量窗口、函数窗口及知识对象窗口等。
- 帮助菜单：从中可获得更多有关 Authorware 的信息。

（2）常用工具栏

常用工具栏是 Authorware 窗口的组成部分，主要按钮有：新建、打开、保存、导入、剪切、复制、粘贴、运行、控制面板、函数、变量、知识对象等按钮。每个按钮实质上都是菜单栏中的某一个命令，由于使用频率较高，被放在常用工具栏中。熟练使用常用工具栏中的按钮，可以使工作事半功倍。

（3）图标工具栏

图标工具栏在 Authorware 窗口中的左侧，如图 6.2 所示，包括多个图标、开始旗、结束旗和图标调色板，是 Authorware 最特殊也是最核心的部分。

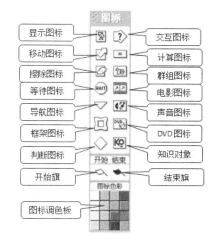

图 6.2　图标工具栏

- 🔲 "显示"设计图标。显示图标是 Authorware 设计流程线上使用最频繁的图标之一，在显示图标中可以存储多种形式的图片及文字，另外，还可以在其中放置函数变量进行动态的运算执行。

- 🔲 "移动"设计图标。移动图标是用于设计 Authorware 动画效果的图标，它主要用于移动位于显示图标内的图片或者文本对象，但其本身并不具备动画能力。Authorware 7.0 提供了 5 种二维动画移动方式。

- 🔲 "擦除"设计图标。擦除图标主要用于擦除程序运行过程中不再使用的画面对象。Authorware 7.0 系统内部提供多种擦除过渡效果使程序变得更加生动。

- 🔲 "等待"设计图标。顾名思义，该图标工具主要用在程序运行时的时间暂停或停止控制。

- 🔽 "导航"设计图标。导航图标主要用于控制程序流程间的跳转，通常与框架图标结合使用，在流程中设置与任何一个附属于框架设计图标页面间的定向链接关系。

- 🔲 "框架"设计图标。框架图标提供了一个简单的方式来创建并显示 Authorware 的页面功能。框架图标右边可以下挂许多图标，包括显示图标、群组图标、移动图标等，每一个图标被称为框架的一页，而且它也能在自己的框架结构中包含交互图标、判断图标，甚至是其他的框架图标内容，功能十分强大。

- ◇ "判断"设计图标。判断图标通常用于创建一种决策判断执行机构，当 Authorware 程序执行到某一决策图标时，它将根据用户事先定义的决策规则而自动计算，执行相应的决策分支路径。

- 🔲 "交互"设计图标。交互图标是 Authorware 突出强大交互功能的核心表征，有了交互图标，Authorware 才能完成各种灵活复杂的交互功能。Authorware 7.0 提供了多达 11 种的交互响应类型。与显示图标相似，交互图标中同样也可插入图片和文字。

- 🔲 "计算"设计图标。计算图标是用于对变量和函数进行赋值及运算的场所，它的设计功能看起来虽然简单，但是灵活地运用往往可以实现难以想象的复杂功能。值得注意的是，计算图标并不是 Authorware 计算代码的唯一执行场所，其他的设计图标同样有附带的计算代码执行功能。

- 🔲 "群组"设计图标。Authorware 引入的群组图标，更好地解决了流程设计窗口的工作空间限制问题，允许用户设计更加复杂的程序流程。群组图标能将一系列图标进行归组包含其下级流程内，从而提高了程序流程的可读性。

- 🔲 "电影"设计图标。电影图标即数字化电影图标，主要用于存储各种动画、视频及位图序列文件。利用相关的系统函数变量可以轻松地控制视频动画的播放状态，实现如回放、快进/慢进、播放/暂停等功能。

- 🔲 "声音"设计图标。与数字化电影图标的功能相似，声音图标则是用来完成存储和播放各种声音文件的。利用相关的系统函数变量同样可以控制声音的播放状态。

- 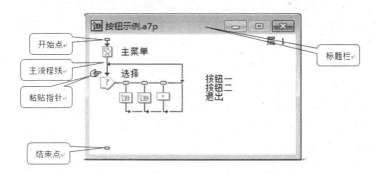 "DVD"设计图标。DVD图标通常用于存储一段DVD视频信息数据，并通过与计算机连接的视频播放机进行播放，即视频图标的运用需要硬件的支持，普通用户较少使用该设计图标。
- "知识对象"设计图标。知识对象设计图标用于在程序中插入已经设计好的知识对象。
- "开始"旗帜。用于调试执行程序时，设置程序流程的运行起始点。
- "结束"旗帜。用于调试执行程序时，设置程序流程的运行终止点。

（4）程序设计窗口

程序设计窗口是Authorware的设计中心，Authorware具有的对流程可视化编程功能，主要体现在程序设计窗口的风格上。

程序设计窗口如图6.3所示，其组成如下。

- 标题栏：显示被编辑的程序文件名。
- 主流程线：一条被两个小矩形框封闭的直线，用来放置设计图标，程序执行时，沿主流程线依次执行各个设计图标。程序开始点和结束点的两个小矩形，分别表示程序的开始和结束。
- 粘贴指针：一只小手形状，指示下一步设计图标在流程线上的位置。单击程序设计窗口的任意空白处，粘贴指针就会跳至相应的位置。

图6.3　程序设计窗口

（5）演示窗口

选择"窗口"菜单下的"演示窗口"命令，可以打开Authorware 7.0的演示窗口，如图6.4所示。

图6.4　演示窗口

演示窗口的主要作用是用来演示各种多媒体对象，如图片、视频以及多媒体交互对象。在编辑的状态下可以通过演示窗口对图片、视频等多媒体素材进行位置、样式和属性的设置；而在程序运行状态下演示窗口就成为展示多媒体功能的平台。

（6）面板

Authorware 为一些功能设置了特制的面板，包括函数面板、变量面板、知识对象面板和属性面板。

① 函数面板、变量面板

函数和变量面板是两个独立的面板，它们除了内容不同外，面板的样式是一样的，如图 6.5 和图 6.6 所示。

Authorware 函数通常指能够实现某种指定功能的程序语句段，并通过一个代号（函数名）来表示，当程序设计过程中需要实现某一功能时，只需调用事先编写好的具有实现该功能的函数，而无须重新编写，有利于程序的结构化与模块化。

Authorware 变量通常用来存储程序执行过程中涉及的数据。变量可以存储的数据类型有：数值型、字符型、逻辑型，当然也可以存储以数组、列表等形式存在的数据。

Authorware 7.0 内部的系统函数和变量功能相当强大，简单的几行程序语句就可以完成意想不到的功能，无疑为 Authorware 多媒体创作提供了更加广阔的空间。

这里列出了 Authorware 7.0 中所有的内部函数和变量，通过左侧列表框进行选择，选择后会在下方的"描述"栏中显示出选中函数或变量的说明。

② 知识对象面板

知识对象面板用于完成某个特定功能，它是由一系列图标组成的模块，知识对象面板就是存放这些模块的位置，如图 6.7 所示。

图 6.5 函数面板

图 6.6 变量面板

图 6.7 知识对象面板

在将知识对象拖放到流程线上时，会自动弹出知识对象的设置向导，用以设置知识对象内各种图标的属性。知识对象也可以自定义，将经常用到的功能图标组作为知识对象存放到知识对象面板中，就免去了重复设计的过程。

③ 属性面板

属性面板用于设置流程中各种图标的属性，不同图标的不同属性都可以通过属性面板进行设置，如图 6.8 所示。

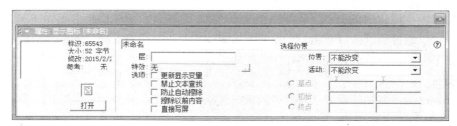

图 6.8　属性面板

四、实验范例

1. 做一个浏览图片的多媒体

（1）首先需要准备做该实验所需的素材（图片），然后用鼠标双击 Authorware 图标，启动后进入主界面。

（2）单击工具栏中的"新建图标"，建立一个新文件。

（3）将鼠标移动到设计图标栏中的显示图标上，按下鼠标左键不放，将它移动到主流程线上后松开鼠标，这时主流程线上出现一个名字为"未命名"的显示图标，单击该图标，将名字改为"背景"。

（4）双击"背景"，打开显示编辑区，然后用鼠标左键选择"文件"菜单下的"导入和导出"命令，选择"导入媒体"，如图 6.9 所示。或者用鼠标单击"插入"图标，打开查找对话窗，选择一张图片，然后单击"插入"按钮，一张美丽的图片就被插入进来。

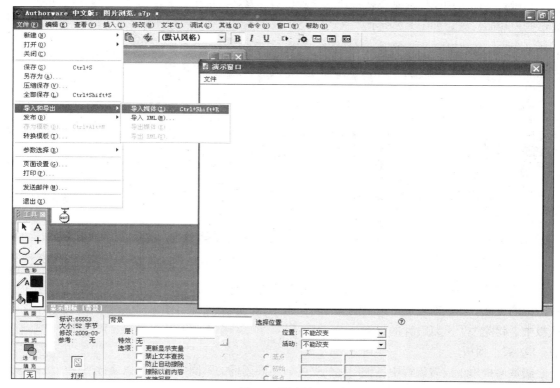

图 6.9　图片导入

（5）选择工具栏上的文本按钮输入要做的文件的标题"美好风光"。同时在工具栏上，左键单击模式按钮选择"透明"即可，如图6.10所示。

图6.10 文本的输入

（6）将鼠标移动到设计图标栏中的声音图标上，按下鼠标左键不放，将它移动到主流程线上后松开鼠标，这时主流程线上出现一个名字为"未命名"的显示图标。单击该图标，将名字改为"音乐"，如图6.11所示。在显示编辑区单击该图标，在显示区就会出现。单击"计时"选项卡选择"同时"。

图6.11 声音属性选项卡

（7）将鼠标移动到设计图标栏中的等待图标上，按下鼠标左键不放，将它移动到主流程线上后松开鼠标，这时主流程线上出现一个等待图标，单击该图标，在它的属性选项卡中进行设置，时限3s，对于是否显示按钮，显示倒计时自己选择。

（8）最终程序设计窗口如图6.12所示，其他背景和等待图标的选择与设计同上。

（9）单击"文件"菜单中的"保存"命令，保存文件，将其命名为"图片浏览.a7p"。这样，一个只含一张图片的Authorware 7.0程序设计实例就设计完毕，可以通过单击执行程序图标来观看效果。

2. 做一个配乐文字的多媒体

（1）首先需要准备做该实验所需的素材（图片，文字以 txt 保存），然后双击 Authorware 图标，启动后进入主界面。

（2）单击工具栏中的"新建图标"，建立一个新文件。

（3）将鼠标移动到设计图标栏中的显示图标上，按下鼠标左键不放，将它移动到主流程线上后松开鼠标，这时主流程线上出现一个名字为"未命名"的显示图标，单击该图标，将名字改为"背景"。

（4）双击"背景"，打开显示编辑区，然后用鼠标左键选择"文件"菜单下的"导入和导出"导出命令，选择导入媒体。或者鼠标单击"插入"图

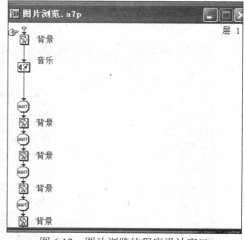

图 6.12　图片浏览的程序设计窗口

标，打开查找对话窗，选择一张图片，然后按"插入"按钮，所需的图片就被插入进来，如图 6.13 所示，用前面所学的方法，在该背景下输入文字"红楼诗词鉴赏"。

图 6.13　背景导入

（5）最终的实验流程图如图 6.14 所示。

图 6.14　配乐文字程序设计窗口

（6）值得注意的是，所需文字是用和导入图片一样的方法导入的，如图 6.15 所示。

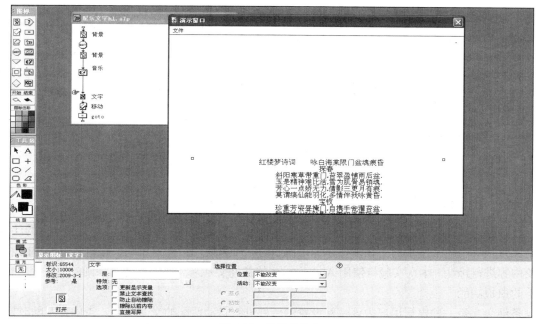

图 6.15　文字的导入

（7）这里还用到了移动图标的设置，如图 6.16 所示。

图 6.16　移动图标的设置

（8）最后是一个计算图标，其设置如图 6.17 所示。

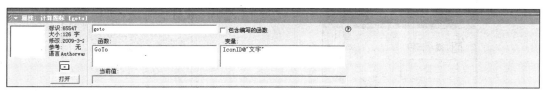

图 6.17　计算图标的属性设计

（9）用鼠标单击"文件"菜单中的"保存"命令，保存文件，将其命名为"配乐文字.a7p"。这样，一个配乐文字的程序设计实例就设计完毕，可以通过单击执行程序图标来观看效果。

五、实验要求

按照上述步骤完成以下两个任务。

（1）制作一个以大学为题材的图片浏览多媒体。

（2）制作一个配乐文字多媒体。

实验二 Authorware 的高级操作

一、实验学时

2 学时。

二、实验目的

◇ 掌握演示型课件的开发，在课件中加入交互，使制作出的课件功能更加强大。

三、相关知识

教师在讲解课程的过程中，对于重点词句与重点段落会做一些醒目的标记，引起学生的注意，这是课堂教学中经常发生的。在多媒体课件演示时，可以使用一支电子笔，在讲解过程中随时对重要内容进行标注。本次实验将使用 Authroware 的条件交互来制作一支随意涂画的电子笔，实现简单的白板功能。

条件交互是一种根据用户为该交互设置的条件进行自动匹配的交互类型。条件交互随时检测设置的条件是否成立。条件成立（true），则执行该条件交互分支下设计图标内的流程；条件不成立（false），则不执行该条件交互分支。例如，用系统变量 MouseDown 检测用户是否进行了鼠标的单击或拖动操作，或是判断用户取得的成绩是否已经大于 60 分，进而对用户取得的成绩做出阶段性评价（如及格或不及格等），这些都可以通过条件交互来实现。

四、实验范例

本次实验的程序流程如图 6.18 所示，执行效果如图 6.19 所示。

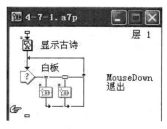

图 6.18 "白板功能"程序流程

图 6.19 "白板功能"程序执行效果

设计思路：建立一个条件交互，判断用户是否按下了鼠标左键，如果条件成立，则利用绘图函数进行绘图，绘制的图形在退出交互时擦除。

制作过程如下。

（1）新建一个文件，选择"文件"|"保存"菜单命令将新建的文档进行保存。

（2）拖曳一个显示图标到流程线上，重命名为"显示古诗"。双击打开"显示古诗"设计窗口，使用工具箱上的文本工具输入诗句内容，并设置文字的字体和大小，最后设置结果如图 6.20 所示。

为防止该文本被鼠标拖动，需要将其设为不可移动。选中"显示古诗"显示图标，右键单击后在弹出的快捷菜单中选择"计算"，为它附加一个计算图标，在弹出的计算图标编辑窗口输入代码"Movable:=FALSE"。

（3）拖曳一个交互图标到流程线上，将其重命名为"白板"。

（4）拖曳一个群组图标到"白板"交互图标右侧，弹出"交互类型"对话框，单击"条件"单选按钮，建立一个条件交互分支。单击条件交互分支上的交互标志，调出交互属性面板，单击"条件"面板项，在"条件"文本框中输入"MouseDown"，选择"自动"下拉列表框中的"为真"选项，如图 6.21 所示。

图 6.20　"显示古诗"显示图标
设计窗口

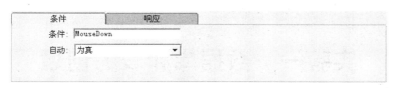

图 6.21　条件交互属性面板"条件"面板项

（5）单击"响应"面板项，选择"擦除"下拉列表框的"在退出时"选项。

（6）为"MouseDown"群组图标附加一个计算图标，该计算图标的作用是画任意线段，其内部代码如下。

```
SetFrame(TRUE , RGB(255,0,0))  --设置线条颜色
Line(2,CursorX,CursorY,CursorX,CursorY)  --根据鼠标位置画线
```

（7）拖曳一个群组图标到"MouseDown"交互分支右侧，单击按钮交互分支上的交互标志，调出按钮交互属性面板。将新建立的交互分支类型更改为按钮交互。单击"响应"面板项，选择"范围:永久"复选框。

（8）将群组图标重命名为"退出"。

（9）为"退出"群组图标附加一个计算图标，在弹出的计算图标编辑窗口输入"Quit(0)"。

（10）运行程序进行测试，使用鼠标在需要加上标注的地方进行涂画，会发现鼠标点按的地方出现了红色的涂抹线条。

五、实验要求

按照上述实例完成以下两个任务。

（1）制作一个以唐诗宋词作为题材的课件。

（2）制作一个自己喜欢的课程的课件。

第7章
数据库基础

本章以 Access 2013 为主线，通过 3 个实验中罗列的实验目的、相关知识、实验范例，详细介绍了 Access 的开发应用，包括数据库创建，数据表创建及应用、查询，窗体和报表的创建及应用，并在每个实验的最后给出了实验要求。

实验一　数据库和表的创建

一、实验学时

2 学时。

二、实验目的

◇熟练掌握数据库的创建、打开以及利用窗体查看数据库的方法。
◇熟练掌握数据库记录的排序、数据查询的方法。
◇熟练掌握对数据表进行编辑、修改及创建字段索引的方法。

三、相关知识

1. 设计一个数据库

在 Access 中，设计一个合理的数据库，最主要的是设计合理的表以及表间的关系，作为数据库基础数据源，它是创建一个能够有效地、准确地、快捷地完成数据库具有的所有功能的基础。

设计一个 Access 数据库，一般要经过如下步骤。

（1）需求分析

需求分析就是对所要解决的实际应用问题做详细的调查，了解所要解决的问题的组织机构、业务规则，确定创建数据库的目的，确定数据库要完成哪些操作、数据库要建立哪些对象。

（2）建立数据库

创建一个空 Access 数据库，在对数据库命名时，要使名字尽量体现数据库的内容，做到"见名知意"。

（3）建立数据库中的表

数据库中的表是数据库的基础数据来源。确定需要建立的表，是设计数据库的关键，表设计的好坏直接影响数据库其他对象的设计及使用。

设计能够满足需要的表，要考虑以下内容：

① 每一个表只能包含一个主题信息；

② 表中不要包含重复信息；

③ 确定表拥有的字段个数和数据类型；

④ 字段要具有唯一性和基础性，不要包含推导或计算数据；

⑤ 所有的字段集合要包含描述表主题的全部信息；

⑥ 确定表的主键字段。

（4）确定表间的关联关系

在多个主题的表间建立表间的关联关系，使数据库中的数据得到充分利用。同时，对于复杂的问题，可先化解为简单的问题后再组合，会使解决问题的过程变得容易。

（5）创建其他数据库对象

设计数据库查询、报表、窗体、宏、数据访问页和模块等数据库对象。

2．数据库中的对象

表（Table）是数据库中用来存储数据的对象，它是整个数据库系统的数据源，也是数据库其他对象的基础。

3．创建数据库

创建数据库，可以使用以下 3 种方法。

（1）直接创建空白数据库

直接创建空白数据库操作步骤如下。

① 单击"开始"菜单，打开"Microsoft Office 2013"中的"Access 2013"窗口。

② 在"Access 2013"窗口中，选择"空白桌面数据库"模板，打开"空白桌面数据库"对话框。

③ 设置好要创建数据库的存储路径和文件名后，单击"创建"按钮，进入"数据库"窗口。

（2）利用菜单创建空数据库

利用菜单创建空数据库操作步骤如下。

① 在 Access 主菜单下，打开"文件"菜单，选择"新建"选项，进入"新建"窗口。

② 在"新建"窗口中，选择合适的数据库模板。

③ 在打开的对话框中，设置好要创建数据库的存储路径和文件名后，单击"创建"按钮，进入"数据库"窗口。

（3）利用"搜索联机模板"创建数据库

利用"搜索联机模板"创建数据库操作步骤如下。

① 打开"文件"菜单，选择"新建"。

② 在"新建"窗口中的"搜索联机模板"文本框内，输入待搜索的选项。

③ 选择合适的数据库模板。

④ 在打开的对话框中，设置好要创建数据库的存储路径和文件名后，单击"创建"按钮，进入"数据库"窗口。

4. 使用数据库

（1）数据库的打开

打开数据库的操作步骤如下。

① 在 Access 主菜单下，打开"文件"选项卡，选择"打开"。

② 在"打开"对话框，先选定保存数据库文件的文件夹，再输入要打开的数据库文件名，选定文件类型，单击"打开"按钮，数据库文件将被打开。

（2）数据库的关闭

关闭数据库有以下几种操作方法。

① 依次选择菜单栏上的"文件"|"关闭"命令。

② 单击"数据库"窗口的"关闭"按钮。

③ 按 Alt+F4 组合键。

四、实验范例

1. 实验内容

（1）创建"学籍管理"数据库，其表结构如表 7.1 所示。

表 7.1　　　　　　　　　　　　　　"学籍管理"数据库

学　号	姓　名	性别	出生日期	班　级	政治面貌	本学期平均成绩
2015101	赵一民	男	98-9-1	计算机 15-4	团员	89
2015102	王林芳	女	98-1-12	计算机 15-4	团员	67
2015103	夏林	男	98-7-4	计算机 15-4	团员	78
2015104	刘俊	男	97-12-1	计算机 15-4	团员	88
2015105	郭新国	男	98-5-2	计算机 15-4	团员	76
2015106	张玉洁	女	97-11-3	计算机 15-4	团员	63
2015107	魏春花	女	98-9-15	计算机 15-4	团员	74
2015108	包定国	男	98-7-4	计算机 15-4	团员	50
2015109	花朵	女	98-10-2	计算机 15-4	团员	90

（2）删除第 5 条记录，再将其追加进去。

（3）查询数据库中"本学期平均成绩"高于 70 分的女生，并将其"学号""姓名""本学期平均成绩"打印出来。

（4）将"学籍管理"数据库按平均成绩从高到低的顺序重新排列并打印输出报表，显示"学号""姓名""性别""本学期平均成绩"字段。

2. 操作步骤

（1）创建"学籍管理"数据库

创建空白数据库的方法如下。

① 启动 Access 2013，在打开的窗口中选择"空白桌面数据库"模板。在打开的对话框中，设置好要创建数据库的存储路径和文件名后，单击"创建"按钮，如图 7.1 所示。新创建的空白数据库如图 7.2 所示。

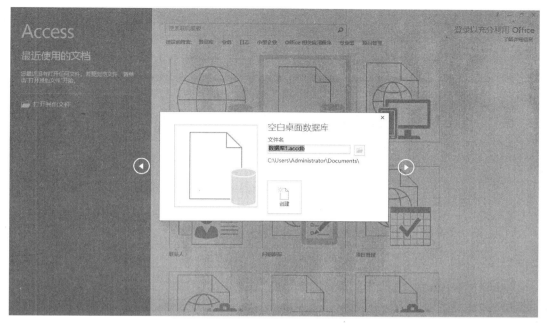

图 7.1 "空白桌面数据库"对话框

图 7.2 新建数据库窗口

② 在出现的创建数据表结构对话框中创建表结构，选择表设计按钮，定义以下字段：学号，类型为数字型，长度为长整型；姓名，类型为短文本型，长度为 10；性别，类型为短文本型，长度为 4；出生日期，类型为日期/时间型；班级，短文本型，长度为 10；政治面貌，短文本型，长度为 8；本学期平均成绩，类型为数字型，字段大小为小数，小数位数为 1。建好的数据表结构如图 7.3 所示，关闭此窗口，将该表命名为"学籍档案"。

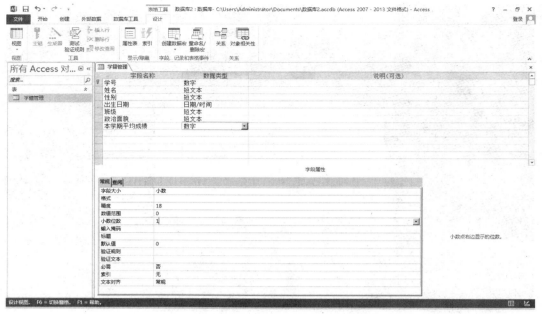

图 7.3　表结构

③ 添加记录。在"学籍管理"数据库窗口中双击"学生档案"数据表，开始录入学生记录，如图 7.4 所示。输完后单击"文件"|"保存"或保存工具保存此数据表，然后关闭数据表和数据库。

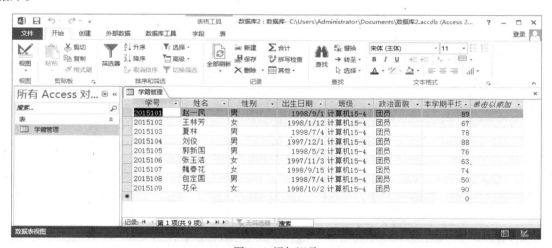

图 7.4　添加记录

（2）删除第 5 条记录，再将其追加进去

① 重新打开学籍档案表，选择要删除的记录并在其上单击鼠标右键，在弹出的快捷菜单上选择"删除记录"命令，如图 7.5 所示。

② 选择"插入"菜单下的"新记录"命令，在表的末尾添加上刚才删除的记录，如果还要让其显示在原来的位置，可在学号所在列单击鼠标右键，选择"升序排列"命令直至到达所需位置即可。

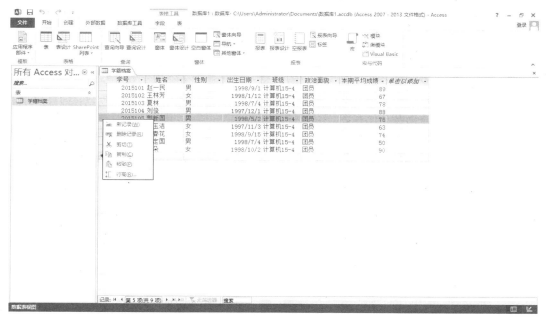

图 7.5 删除记录

五、实验要求

（1）创建一个学生个人信息表。

（2）创建一个公司通讯录。

实验二 数据表的查询

一、实验学时

2 学时。

二、实验目的

◇掌握如何创建查询。

◇掌握数据库记录的排序、数据查询的方法。

三、相关知识

查询（query）也是一个"表"，是以表为基础数据源的"虚表"，它可以作为表加工处理后的结果，也可以作为数据库其他对象数据来源。查询是用来从表中检索所需要的数据，以对表中的数据进行加工的一种重要的数据库对象。查询结果是动态的，以一个表、多个表，或查询为基础，创建一个新的数据集是查询的最终结果，而这一结果又可作为其他数据库对象的数据来源。查询不仅可以重组表中的数据，还可以通过计算再生新的数据。

1. 查询的种类

在 Access 中，主要有选择查询、参数查询、交叉表查询、动作查询及 SQL 查询。选择查询主要用于浏览、检索、统计数据库中的数据；参数查询是通过运行查询时的参数定义、创建的动态查询结果，以便更多、更方便地查找有用的信息；动作查询主要用于数据库中数据的更新、删除及生成新表，使得数据库中数据的维护更便利；SQL 查询是通过 SQL 语句创建的选择查询、参数查询、数据定义查询及动作查询。

2. 怎样获得查询

（1）使用向导创建查询

使用向导创建查询操作步骤如下。

① 打开要创建查询的数据库文件，选择"创建"选项卡。

② 选择"其他"栏中的"查询向导"按钮，弹出如图 7.6 所示的对话框。

③ 在打开的"新建查询"对话框中，选择一种类型，一般选择"简单查询向导"选项，单击"确定"按钮。

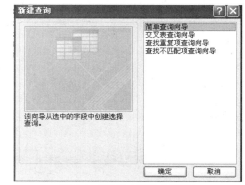

图 7.6 "新建查询"对话框

简单查询向导：根据从不同的表中选择的字段创建，可用来查看特定信息的选择查询，还可用于向其他数据库对象提供数据。

交叉表查询向导：通过该向导创建的查询，将以类似于电子表格的紧凑形式显示需要查看的数据。

查找重复项查询向导：通过该向导可在单一的表或查询表中查找具有重复字段值的记录。

查询不匹配项查询向导：该向导用于在一个表中查找在另一个表中没有相关内容的记录。

以下是创建"简单查询向导"的步骤。

④ 在弹出的如图 7.7 所示的"简单查询向导"对话框中，单击 >> 按钮将"可用字段"列表框中显示的表中的所有字段添加到"选定字段"列表框中，也可以选中某个可用字段，单击 > 按钮添加到"选定字段"列表框中。

⑤ 完成后，单击"下一步"按钮，弹出如图 7.8 所示的提示框。

图 7.7 "简单查询向导"对话框

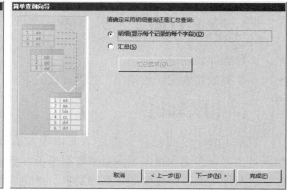

图 7.8 选择提示框

⑥ 选择默认状态下的"明细"选项，单击"下一步"按钮，若选择"汇总"选项，单击"汇

总选项"按钮,选择需要计算的汇总值,单击"确定"按钮,再单击"下一步"按钮。在"请为查询指定标题"文本框中输入标题,单击"完成"按钮就完成了创建。

(2)使用设计器创建查询

使用设计器创建查询操作步骤如下。

① 打开要创建查询的数据库文件,选择"创建"选项卡,在"查询"栏中选择"查询设计"按钮,弹出"显示表"对话框。

② 在对话框中选择要创建查询的表,分别单击"添加"按钮,添加到"查询1"选项卡的文档编辑区中,单击"关闭"按钮。

③ 在表中分别选中需要的字段,依次拖曳到下面设计器中的"字段"行中,添加完字段后,在"表"行中自动显示该字段所在的表名称,如图 7.9 所示。

④ 右键单击"查询5"选项卡,在弹出的下拉菜单中选择"保存"命令,弹出"另存为"对话框,在对话框中的"查询名称"文本框中输入名称,如"学籍档案_查询"。单击"确定"按钮。

⑤ 在查询设计视图中,单击某个字段右侧三角按钮,在下拉列表中选择"升序"或"降序",对其进行排序。

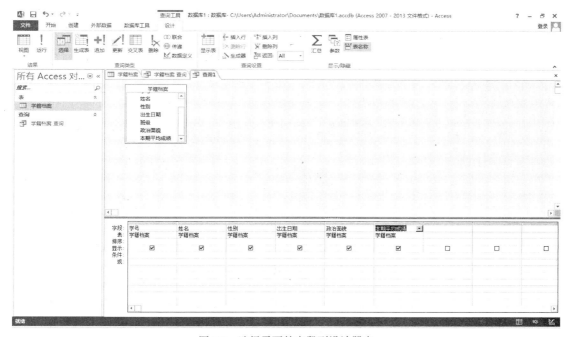

图 7.9 选择需要的字段到设计器中

四、实验范例

(1)创建"学籍管理"数据库,其表结构如表 7.1 所示。

(2)创建"学籍管理"的查询,如图 7.10 所示。

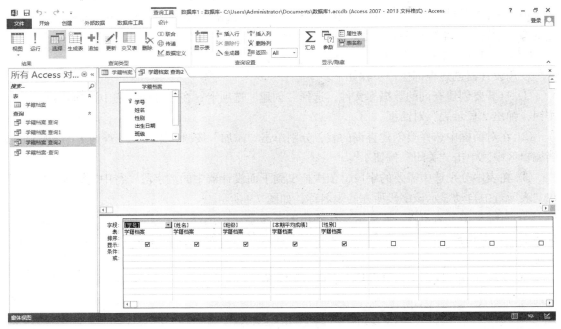

图 7.10 设计查询

打开查询页，设置查询条件 1 为"成绩≥70"和查询条件 2 为"性别=女"，如图 7.11 和图 7.12 所示。在查询页上可以看到查询结果，如图 7.13 所示。

图 7.11 查询条件 1

图 7.12　查询条件 2

图 7.13　查询结果

（3）单击字段右侧三角按钮在下拉列表中选择"升序"或"降序"，可以对该字段进行排序。取消查询条件 1 和查询条件 2，对该成绩表中的本学期平均成绩进行升序排列。单击字段右侧三角按钮，在下拉列表中选择"升序"，如图 7.14 所示，对其进行排序，结果如图 7.15 所示。

图 7.14　排序选项卡

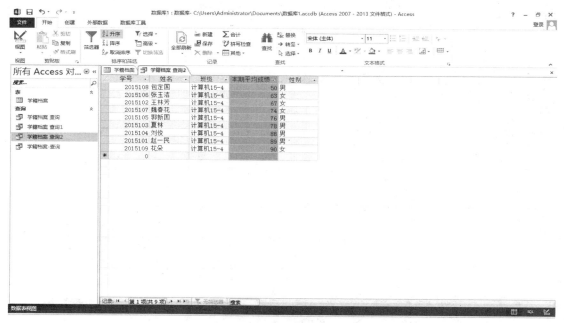

图 7.15　排序结果

五、实验要求

（1）建立对一个学生个人信息表的相关查询。

（2）建立对一个公司通讯录的相关查询。

实验三 窗体与报表的操作

一、实验学时

2 学时。

二、实验目的

✧掌握如何创建窗体和报表。
✧熟练掌握对窗体和报表的操作。

三、相关知识

1. 窗体

窗体（form）是屏幕的工作窗口。在 Access 中，可以通过系统提供的，以及自己设计的各式各样美观大方的工作窗口，在友好的工作环境下，对数据库中数据进行处理。窗体是 Access 数据库应用系统中最重要的一种数据库对象，它是用户对数据库中数据进行操作的最理想的工作界面。也可以说，因为有了窗体这一数据库对象，用户在对数据库进行操作时，界面形式美观、内容丰富，特别是对备注型字段数据的输入、OLE 字段数据的浏览更方便、快捷，窗体背景与前景内容的设置会给用户提供一个非常有亲和力的数据库操作环境，使得数据库应用系统的操纵、控制尽在"窗体"中。

创建窗体的方法有以下几种。

（1）快速创建窗体

快速创建窗体的方法：打开要创建窗体的数据库文件，选择"创建"选项卡，在"窗体"栏中选择"窗体"按钮即可。

（2）通过窗体向导创建窗体

在向导的提示下，根据用户选择的数据源表或查询、字段、窗体的布局、样式自动创建窗体。通过窗体向导可以创建出更为专业的窗体，创建方法如下。

① 打开要创建窗体的数据库文件，选择"创建"选项卡，单击"窗体"栏中的"窗体向导"按钮。

② 在打开的"窗体向导"对话框中，在"可用字段"框中选择需要的字段，单击右箭头按钮；如果选择全部可用字段，单击双右箭头按钮，将选中的可用字段添加到"选定字段"列表框中，单击"下一步"按钮，弹出如图 7.16 所示的对话框。

③ 在对话框中选择合适的布局，如"纵栏表"布局，单击"下一步"按钮，弹出如图 7.17 所示的对话框。在弹出的对话框中输入标题，单击"完成"按钮即可。

（3）创建分割窗体

分割窗体就是可以同时显示数据的两种视图，即窗体视图和数据表视图。创建分割窗体方法如下。

① 打开要创建窗体的数据库文件，选择"创建"选项卡，单击"窗体"栏中的"其他窗体"右侧三角按钮中的"分割窗体"按钮。

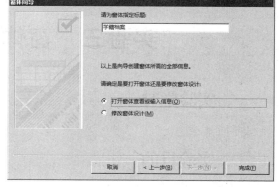

图 7.16　窗体使用的布局对话框　　　　　　图 7.17　确定所用格式对话框

② 系统自动创建出包含源数据所有字段的窗体，并以窗体和数据两种视图显示窗体，如图 7.18 所示。

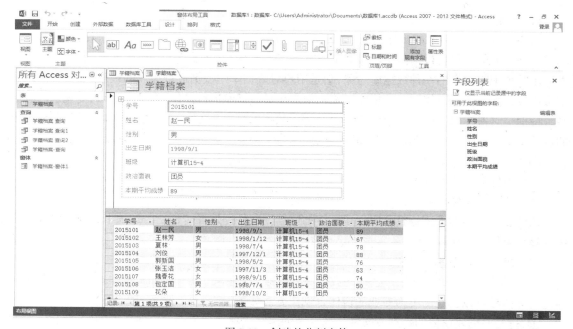

图 7.18　创建的分割窗体

（4）创建多记录窗体

普通窗体中一次只显示一条记录，但是如果需要一个可以显示多个记录的窗体，就可以使用多项目工具创建多记录窗体，方法如下。

① 打开要创建窗体的数据库文件，选择"创建"选项卡，单击"窗体"栏中的"其他窗体"右侧三角按钮中的"多个项目"按钮。

② 系统将自动创建出同时显示多条记录的窗体，如图 7.19 所示。

（5）创建空白窗体

创建空白窗体的方法如下。

① 打开要创建窗体的数据库文件，选择"创建"选项卡，单击"窗体"栏中的"空白窗体"

按钮，创建出如图 7.20 所示的空白窗体。

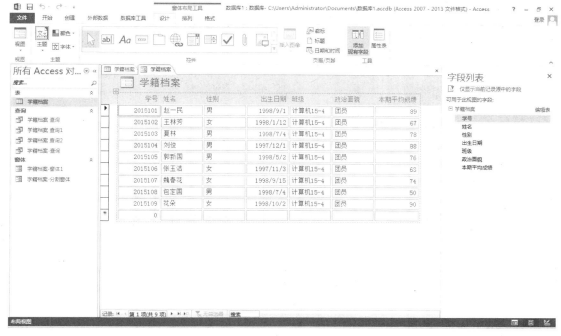

图 7.19　创建的多记录窗体

图 7.20　创建的空白窗体

②　在窗口右侧显示的"字段列表"窗口中的"其他表中可用字段"的列表中选择需要的字段。按住鼠标左键不放，将选择的字段拖曳到空白窗体中将鼠标释放。添加完需要的字段后显示结果如图 7.21 所示。

图 7.21　添加完字段的空白窗体

（6）在设计图中创建窗体

在设计图中可以对窗体内容的布局等进行调整，而且可以添加窗体的页眉和页脚等部分，创建方法如下。

① 打开要创建窗体的数据库文件，选择"创建"选项卡，单击"窗体"栏中的"窗体设计"按钮，弹出如图 7.22 所示的带有网络线的空白窗体。

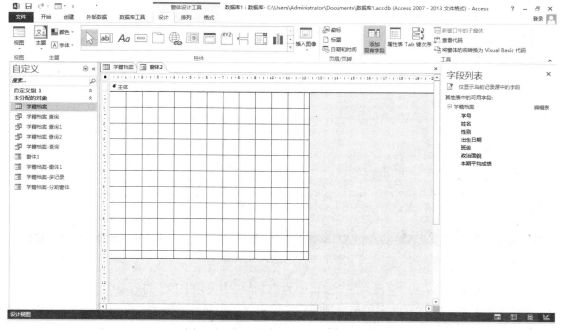

图 7.22　在"设计视图"中创建的窗体

② 在窗体的右侧出现了"字段列表"窗格，在"其他表中的可用字段"列表框中选择需要的字段。将字段拖曳到窗体中合适的位置，释放鼠标即可，如图 7.23 所示。

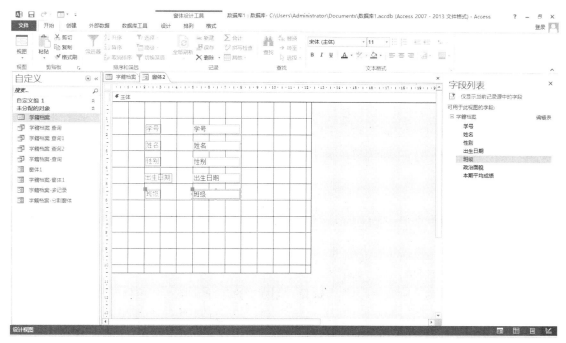

图 7.23 把需要字段拖动到窗体中

③ 当把需要的字段都放到窗体后，单击界面右下方视图栏中的"窗体视图"按钮，就可以查看窗体中的内容了。

（7）对窗体的操作

用户可以对窗体进行操作，主要是指对控件的操作和对记录的操作。窗体中的文本框、图像及标签等对象被称为控件，用于显示数据和执行操作，可以通过控件来查看信息和调整窗体中信息的布局。利用窗体还可以查看数据源中的任何记录，也可以对数据源中的记录进行插入、修改等操作。

① 控件操作。控件操作主要包括调整控件的高度、宽度，添加控件和删除控件等操作。这些操作可以通过单击界面右下方视图栏中的"布局视图"按钮，在布局视图中进行，还可以单击"设计视图"按钮，在设计视图中进行。

② 记录操作。记录操作主要包括浏览记录、插入记录、修改记录、复制及删除记录等，通过这些操作就可以对数据源中的信息进行查看和编辑，这些操作通过窗体下方的记录选择器来完成，如图 7.24 所示。

图 7.24 记录选择器

- 浏览记录：选择记录选择器中的 ◄ 或 ► 按钮，就可以查看所有记录；选择 |◄ 或 ►| 按钮，就可以查看第一条记录或最后一条记录。
- 插入记录：选择记录选择器中的 ►❋ 按钮，就会在表的末尾插入一个空白的新记录。
- 修改记录：选择文本框控件中的数据，输入新的内容。
- 复制记录：选择窗体左侧的 ► 按钮，选择需要复制的记录，单击鼠标右键，在弹出的快捷菜单中选择"复制"命令，切换到目标记录，在窗体左侧右键单击，在弹出的快捷菜单中选择"粘贴"命令，这样，源记录中每个控件的值都被复制到目标记录的对应控件中。

- 删除记录：选择窗体左侧的 ▶ 按钮，选择要删除的整条记录，按 Delete 键或者单击"开始"选项卡中"记录"栏中的"删除"按钮。

2. 报表

报表（report）是数据库中数据输出的另一种形式。它不仅可以将数据库中的数据分析、处理的结果通过打印机输出，还可以对要输出的数据完成分类小计、分组汇总等操作。在数据库管理系统中，使用报表会使数据处理的结果多样化。报表也是 Access 2007 中的重要组成部分，是以打印格式显示数据的可视性表格类型，通过它可以控制每个对象的显示方式和大小。

创建报表的方法如下。

（1）快速创建报表

选择要用于创建报表的数据库文件，选择"创建"选项卡，单击"报表"栏中的"报表"按钮，系统就会自动创建出报表。

（2）创建空报表

创建空报表方法很简单，具体如下。

① 打开要创建报表的数据库文件，选择"创建"选项卡，单击"报表"栏中的"空报表"按钮。

② 系统创建出如图 7.25 所示的没有任何内容的空报表，可以按照在空白窗体中添加字段的方法为其添加字段。

图 7.25 空白报表

（3）通过向导创建报表

通过向导创建报表的方法如下。

① 打开要创建报表的数据库文件，选择"创建"选项卡，单击"报表"栏中的"报表向导"

按钮。

　　② 在弹出的"报表向导"对话框中，在"可用字段"中选择需要的字段添加到"选定字段"中，单击"下一步"按钮，打开如图7.26所示的对话框。

　　③ 在分组级别对话框中，在左侧的列表框中选择字段，单击 ☑ 按钮将其添加到右侧的列表框中，这样，选择的字段就出现在右侧列表框中的最上面，单击"下一步"按钮，打开图7.27。

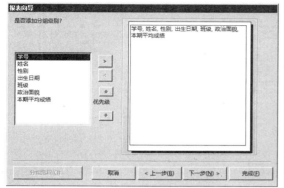
图7.26　"报表向导"对话框1

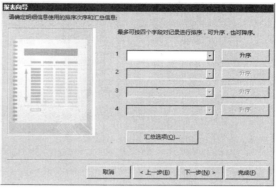
图7.27　"报表向导"对话框2

　　④ 在打开的对话框中选择合适的布局方式和方向，单击"下一步"按钮。

　　⑤ 在打开的"请确定所用样式"对话框中选择合适的样式，单击"下一步"按钮。在打开的"请为报表指定标题"对话框中，输入文本，单击"完成"按钮，即可完成报表的创建。

　　（4）在设计视图中创建报表

　　在设计视图中创建报表的方法如下。

　　① 打开要创建报表的数据库文件，选择"创建"选项卡，单击"报表"栏中的"报表设计"按钮，系统就会创建出带有网络线的窗体。

　　② 在窗体右侧出现"字段列表"窗格，从"字段列表"窗格中把需要的字段拖曳到带有网络线的报表中。

　　③ 添加完后，单击视图栏中的"报表视图"按钮，切换到报表视图中就可以查看报表。

四、实验范例

　　（1）创建"学籍管理"数据库，其表结构如表7.1所示。

　　（2）对学籍管理数据库创建窗体。

　　任选上述方法中的一种来创建窗体，在这里选择创建窗体中的多个项目按钮，然后再选择窗口右上方的自动套用格式中的任意一种，如图7.28所示。

　　（3）在报表向导对话框中将要显示的"学号""姓名""性别""本学期平均成绩"选中后单击两次"下一步"按钮，在所处对话框中选择按"本学期平均成绩"降序排列，如图7.29所示，单击"完成"按钮后即可显示出报表结果。将该报表保存，并打印输出。

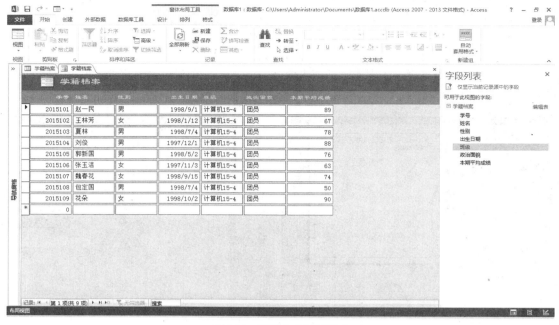

图 7.28　窗体自动套用格式

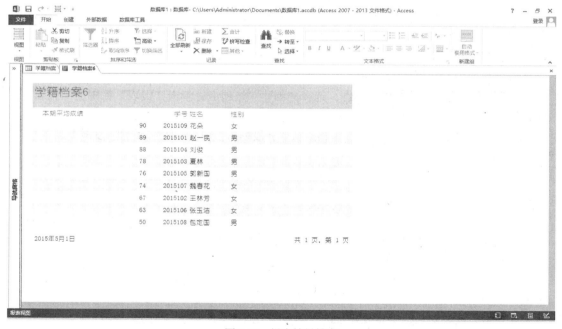

图 7.29　报表结果排序

五、实验要求

（1）建立一个学生个人信息表的窗体和报表。

（2）建立一个公司通信录的窗体和报表。

第8章
计算机网络与 Internet 应用基础

主教材第 8 章主要讲述了与网络有关的两个操作：Internet 的接入与 IE 的使用电子邮箱的收发与设置。通过对本章的学习，学生能够正确接入和配置网络，能够熟练使用电子邮箱。

实验一　Internet 的接入与 IE 的使用

一、实验学时

2 学时。

二、实验目的

◇ 掌握 Internet 的接入。
◇ 掌握 IE 浏览器的基本操作。
◇ 学会保存网页上的信息。
◇ 掌握 IE 浏览器主页的设置。

三、实验内容及步骤

1．拨号网络连接

Windows 7 系统可以非常方便地建立宽带拨号连接；但是在建立连接之前，必须已经从本地的 Internet 服务供应商（ISP）那里得到了一个可以上网的用户名，这些信息包括：用户名名称、用户名密码、网络接入电话。具体步骤如下。

（1）打开"控制面板"窗口，选择"网络和 Internet"，再选择"网络和共享中心"，打开"网络和共享中心"窗口，如图 8.1 所示。

（2）在"网络和共享中心"窗口中选择"设置新的连接或网络"，打开"设置连接或网络"窗口，如图 8.2 所示。

（3）在"设置连接或网络"窗口中选择"连接到 Internet"后，单击"下一步"按钮，将显示"连接到 Internet"窗口，如图 8.3 所示。

图 8.1 "网络和共享中心"窗口

图 8.2 "设置连接或网络"窗口

（4）选择"宽带（PPPoE）"，在弹出的设置"Internet 服务供应商"窗口中输入对应的用户名及密码，选中"记住此密码"复选框，之后单击"连接"按钮，如图 8.4 所示。

图 8.3 "连接到 Internet"窗口

图 8.4 "Internet 服务供应商"设置窗口

（5）单击"连接"按钮后将会进入连接界面，如图 8.5 所示，等待该步骤完成之后，提示成功，那么宽带连接就创建成功了。

宽带连接成功以后，就可以正常上网了。单击桌面右下角的网络标识，在弹出的窗口中可以看到创建的宽带连接右侧显示出其连接状态是"已连接"。如果想断开此连接，单击该网络标识，再单击"断开"即可。再次恢复连接的操作与断开连接类似，单击网络标识，再单击"连接"按钮，将会显示如图 8.6 所示的"宽带连接"窗口，输入正确的密码后单击"连接"按钮就能再次上网了。

如果要为创建的宽带连接建立快捷方式，方法也是非常简单的。在如图 8.1 所示的"网络和共享中心"窗口中单击左侧列表

图 8.5 连接等待窗口

的"更改适配器设置"，将会显示图 8.7 所示的"网络连接"窗口。在此窗口中能看到之前创建的拨号连接，选中该连接后单击鼠标右键，选择"创建快捷方式"，会出现提示询问是否把快捷方式放在桌面上的对话框，单击"是"按钮即可。

图 8.6 "宽带连接"窗口

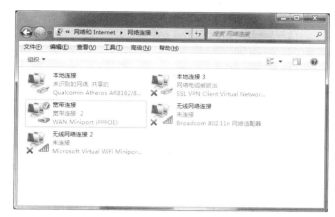

图 8.7 "网络连接"窗口

创建成功以后，可以在桌面上看到宽带连接的快捷方式，如图 8.8 所示，以后要上网时就可以直接通过该快捷方式来连接上网了。

2．IE 浏览器的使用

（1）启动 IE 浏览器

双击桌面上的 IE 浏览器图标 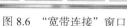，或者选择"开始"菜单里的"Internet Explorer"命令，即可打开 IE 浏览器窗口。

图 8.8 宽带连接的快捷方式

（2）浏览网页信息

在浏览器的"地址栏"中输入网络地址，可以访问指定的网站。如输入"http://www.baidu.com/"，之后按 Enter 键，将访问百度网站，如图 8.9 所示。

图 8.9 百度网站

（3）收藏网页信息

在上网时如果需要收藏当前所浏览的网页信息，可以单击窗口右上方的"收藏"图标 ，之后显示图 8.10 所示的"查看收藏夹、源和历史记录"窗格，选择"添加到收藏夹"选项，弹出图 8.11 所示"添加收藏"对话框，设置好名称和位置后直接单击"添加"按钮即可收藏该网页。

图 8.10 "查看收藏夹、源和历史记录"窗格

图 8.11 "添加收藏"对话框

（4）设置浏览器主页

在浏览器窗口，单击"工具"图标 ，选择下拉菜单中的"Internet 选项"命令，打开"Internet 选项"对话框，如图 8.12 所示，在"常规"选项卡中的"主页"选项区域中输入具体网络地址后单击"确定"按钮，即可将该网络地址设为浏览器的主页。

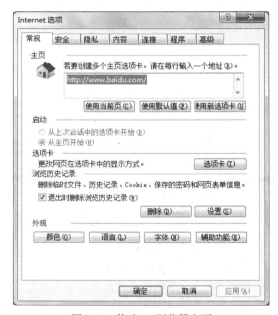

图 8.12 修改 IE 浏览器主页

实验二 电子邮箱的收发与设置

一、实验学时

2 学时。

二、实验目的

◇申请一个免费的电子邮箱。

◇能够进行简单的邮件管理。

◇学会收发电子邮件。

三、实验内容及步骤

1. 申请一个免费信箱

下面示范如何利用网易 126 申请一个免费的信箱。

（1）在浏览器中输入"http://mail.126.com/"地址，然后按 Enter 键，进入"126 网易免费邮"界面，如图 8.13 所示。

图 8.13　网易 126 免费邮首页

（2）单击图 8.13 中的"注册"按钮，进入"注册网易免费邮箱"窗口，按要求输入邮箱名称、密码等信息，如图 8.14 所示，之后单击"立即注册"按钮。

图 8.14　"注册网易免费邮箱"窗口

（3）在弹出的新窗口中输入网页所显示的验证码，然后单击"提交"按钮，这时可以看到系统提示邮箱注册成功的信息提示窗口，如图8.15所示。

（4）单击图8.15所示窗口中的"进入邮箱"按钮即可直接进入申请的免费邮箱，如图8.16所示。

2. 邮件的收发

（1）单击"收件箱"进入收件箱界面，查看所有收到的电子邮件列表，如图8.17所示。

图8.15　邮箱注册成功信息提示窗口

图8.16　免费邮箱首页

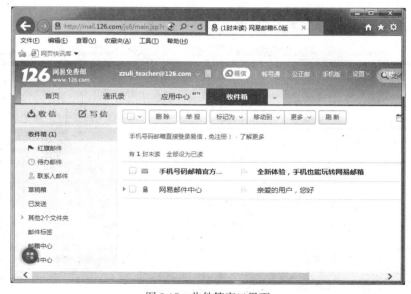

图8.17　收件箱窗口界面

（2）单击收件箱中某一个邮件主题，即可查看此邮件内容，如单击主题为"网易邮件中心"的邮件，即可查看此邮件的具体内容，如图 8.18 所示。

图 8.18　查看邮件的具体内容

（3）单击"写信"按钮，进入发送邮件界面，在此页面要设置好邮件的收件人邮箱地址、邮件的主题以及邮件内容等，如图 8.19 所示。

图 8.19　发邮件界面

（4）添加邮件附件。在发送邮件时，如果要发送的内容过多，可以以附件的形式发送而不必全部显示在邮件正文中。在图 8.19 所示窗口中，单击"添加附件"按钮，将会显示加载附件的选择窗口，选择好所要上传的文件后，单击"打开"按钮即可将该文件上传，完成附件上载后的界面如图 8.20 所示。

图 8.20　完成附件上载的邮件

如果有多个附件，可以继续单击"添加附件"按钮重复之前的操作，如果要删除某个附件，只需单击该附件右侧的"删除"按钮即可。

（5）创建地址簿。单击页面顶端的通讯录链接，进入通讯录的管理窗口，如图 8.21 所示。在此页面中提供了 3 种方式创建联系人：可以新建一个联系人，也可以通过导入指定格式的文件来创建联系人，还可以将其他邮箱的通讯录直接导入，在此以新建联系人的方式为例来介绍创建地址簿的方法。

图 8.21　"通讯录"窗口

单击"新建联系人"按钮，打开"新建联系人"对话框，输入联系人的姓名、邮箱等必填信息后，单击"确定"按钮即可成功创建联系人，如图 8.22 所示。

在新建联系人时，如果要分组保存联系人，可以单击图 8.22 所示对话框中"分组"右侧的"请选择"按钮，在弹出的对话框中选择分组，如果没有分组则可以通过对话框中的"新建分组"按钮创建一个新的分组。

重复上述操作可以创建多个联系人，图 8.23 所示的是创建了"同事"分组以及 3 个联系人的通讯录，通过联系人右侧的"写信"图标、"编辑"图标以及"删除"图标按钮可以对该联系人进行相关操作。

图 8.22　"新建联系人"对话框

图 8.23　创建联系人后的"通讯录"窗口

第9章
信息安全与职业道德

主教材第 9 章主要讲述了杀毒软件的使用。本章以 360 杀毒软件为例，详细介绍了软件的安装、设置以及使用。通过本章的学习，可以使学生了解信息安全的必要性以及常用的预防计算机中毒的方法。

实验　安装并使用杀毒软件

一、实验学时

2 学时。

二、实验目的

◇学会安装杀毒软件及掌握杀毒软件的启动和退出。
◇学会使用杀毒软件对计算机进行杀毒操作保护计算机安全。

三、相关知识

反病毒软件同病毒的关系就像矛和盾一样，两种技术、两种势力永远在进行着较量。目前市场上有很多种类的杀毒软件，如 360 杀毒软件、瑞星杀毒软件、诺顿杀毒软件、江民杀毒软件、金山毒霸等。在本章的实验内容里，着重讲述 360 杀毒软件的安装及使用。

1. 360 杀毒软件简介

360 杀毒是 360 安全中心出品的一款免费的云安全杀毒软件。它创新性地整合了五大领先查杀引擎，包括国际知名的 BitDefender 病毒查杀引擎、小红伞病毒查杀引擎、360 云查杀引擎、360 主动防御引擎 4 以及 360 第二代 QVM 人工智能引擎。其软件界面如图 9.1 所示。

2. 360 杀毒软件的安装

（1）启动 IE 浏览器

双击桌面上的 IE 浏览器图标 ，或者选择"开始"｜"Internet Explorer"命令，进入 IE 浏览器窗口。

（2）浏览网页信息

在浏览器的"地址栏"中输入网络地址，访问指定的网站，这里请输入 http://www.sd.360.cn，进入 360 杀毒软件的产品网站，如图 9.2 所示。

图 9.1 360 杀毒软件

图 9.2 360 杀毒软件产品页面

（3）在 360 杀毒产品网站首页，可以看到软件正式版以及其他版本的下载按钮，如图 9.3 所示。

（4）单击 360 杀毒软件正式版按钮，将下载的 360 杀毒软件的安装程序保存到 C 盘，如图 9.4 所示。

（5）进入"我的电脑"，选择 C 盘，找到下载的程序，双击该安装程序，如图 9.5 所示。

图 9.3 360 杀毒软件下载按钮

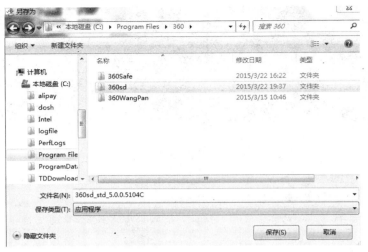

图 9.4　下载 360 杀毒软件

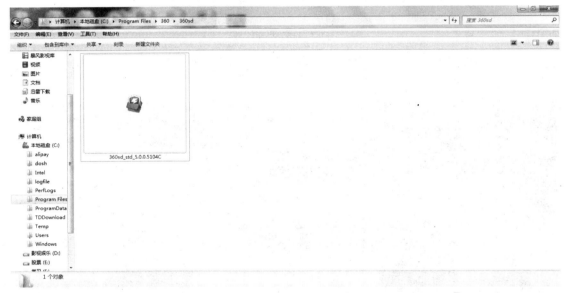

图 9.5　360 杀毒软件的安装程序

（6）双击 360 杀毒软件，如图 9.6 和图 9.7 所示，进行安装。

图 9.6　安装 360 杀毒软件

图 9.7　360 杀毒软件安装完毕

（7）安装完成后即自动打开 360 杀毒软件，同时在桌面的右下角出现了█的一个图标，双击这个图标也可打开 360 杀毒软件，此时便可以对计算机进行扫描，扫描完成后即可进行杀毒等操作，如图 9.8 和图 9.9 所示。

图 9.8　使用 360 杀毒软件扫描电脑

图 9.9　用 360 杀毒软件杀毒

第10章
程序设计基础

主教材第 10 章以 Visual Basic 6.0 为开发平台，讲述了程序设计的软件开发环境、程序的基本步骤以及如何设计一个简单的程序。通过本章学习，使学生对程序设计有初步的认识，并掌握基本的程序设计思想。

实验一　Visual Basic 6.0 程序设计初步

一、实验学时

2 学时。

二、实验目的

◇学会使用 Visual Basic（简称 VB）开发环境。
◇学会建立、编辑、运行一个简单的 VB 应用程序。
◇掌握变量的概念及使用。
◇掌握并理解各种控件的使用环境，并能够熟练设置控件的各种属性。
◇通过程序实践结合课堂例子，理解类、对象的概念，掌握属性、事件、方法的应用。

三、相关知识

Visual Basic 采用的是事件驱动的编程机制，即对各个对象需要响应的事件分别编写出程序代码。这些事件可以是用户鼠标和键盘的操作，也可以由系统内部通过时钟计时产生，甚至由程序运行或窗口操作触发产生，因此，它们产生的次序是无法事先预测的。所以在编写 Visual Basic 事件过程时，没有先后关系，不必像传统的面向过程的应用程序那样，要考虑对整个程序运行过程的控制。完成应用程序的设计后，在其中增加或减少一些对象不会对整个程序的结构造成影响。例如，在一个窗体中增加或删除一个控件对象，对整个窗体的运行不会带来影响。

由于 Visual Basic 应用程序的运行采用事件驱动模式，是通过执行响应不同事件的程序代码进行运行的，因此，就每个事件过程的程序代码来说，一般比较短小简单，调试维护也比较容易。

用 VB6.0 进行应用程序开发的基本步骤如下。

（1）建立用户界面。

（2）设置控件属性。

（3）编写事件处理过程代码。

进入代码窗口的方法：

① 双击当前窗体（或某一控件）；

② 单击工程窗口的"查看代码"按钮；

③ 选择"视图"菜单中的"代码窗口"命令。

（4）保存和调试运行程序。

四、实验范例

　　用 VB6.0 设计一个简单的用户登录界面，如图 10.1 所示。编写相应的代码，能够进行用户名和密码的录入，并进行程序的保存、装入和运行。

　　实验步骤如下。

　　（1）启动 VB6.0。选择菜单命令"开始"|"所有程序"|"Microsoft Visual Basic 6.0 中文版"|"Microsoft Visual Basic 6.0 中文版"启动 VB，即可进入 VB 集成开发环境的界面。

图 10.1　简单的用户登录界面

　　（2）在 Form1 中设计登录窗口：两个标签 Lable1、Lable2，两个文本框 Text1、Text2 和两个命令按钮 Command1、Command2。

　　（3）设置控件的属性如表 10.1 所示。

表 10.1　　　　　　　　　　　　　控件属性设置

控　件	属　性	值
Label1	caption	请输入用户名：
	font	宋体，粗体，小四
	autosize	true
	BackStyle	0-transparent
Label2	caption	请输入密码：
	font	宋体，粗体，小四
	autosize	true
	BackStyle	0-transparent
Text1	text	空
	font	宋体，粗体，小四
Text2	text	空
	font	宋体，粗体，小四
Command1	caption	确认
	font	宋体，粗体，小四
Command2	caption	取消
	font	宋体，粗体，小四
Form1	caption	用户登录界面

（4）编写两个命令按钮 Command1 和 Command2 的 Click 事件的代码如下。

```
Private Sub Command1_Click()
    If Text1.Text = "ABC" And Text2.Text = "123" Then
        MsgBox "欢迎使用本系统！"
    Else
        MsgBox "输入错误！请重新输入！"
        Text1.Text = ""
        Text2.Text = ""
        Text1.SetFocus
    End If
End Sub
Private Sub Command2_Click()
    End
End Sub
```

（5）保存程序。选择"文件"菜单中的"保存"命令（或单击工具栏上的"保存工程"按钮）。

保存完所有的窗体文件和标准模块文件后，显示"工程另存为"对话框，在该对话框中输入工程文件名。单击"保存"按钮或按回车键。

（6）将文件装入内存。选择"文件"菜单中的"打开工程"命令，显示"打开工程"对话框，单击该对话框中的"最新"选项卡。找到要打开的工程文件后，双击该文件。VB 就将文件装入内存，此时工程资源管理器窗口中显示出当前程序的工程名和窗体名。

在工程资源管理器窗口选择窗体名字，单击窗口中的"查看对象"按钮，将显示窗体窗口；如果单击"查看代码"按钮，则显示程序代码窗口。

（7）运行程序

从菜单栏中选择"运行"菜单的"启动"命令，或按 F5 键，或者从工具栏中选择"启动"图标，均可开始运行程序。

如果想终止程序的运行，可从菜单栏中选择"运行"菜单的"结束"命令，或从工具栏中选择"结束"图标。

五、实验要求

（1）熟悉 VB 开发环境的标题栏、菜单栏、工具栏、窗体窗口、属性窗口、工程资源管理器窗口、代码窗口、工作窗口、窗体布局窗口、工具箱窗口的位置以及用法。

（2）能够建立用户界面对象并进行对象属性的设置。

（3）能够进行变量的定义。

（4）能够对对象事件进行编程，并进行程序的保存和运行。

（5）能够运用 VB6.0 进行程序开发，独立完成下列任务。

① 创建一个工程，在窗体 Form 上设置一个文本框 Text1 和两个命令按钮 Command1、Command2，把两个命令按钮的标题分别设置为"隐藏文本框"和"显示文本框"，并在文本框中显示"VB 程序设计"。

② 创建一个工程，在窗体上设置 3 个文本框和两个命令按钮。编写程序，当单击第 1 个命令按钮时，在 3 个文本框中显示不同的文本；当单击第 2 个命令按钮时，首先清除 3 个文本框中的内容，然后重新显示，并使 3 个文本框在高、宽方向上各增加一倍，文本框中的字体颜色变为红色。

③ 创建一个工程，在窗体上设置一个 Label、一个 TextBox 和一个 Button，初始窗体界面如图 10.2 所示（各控件上所显示内容的字体、字形、大小和颜色可随意设定）。编写程序，当单击命令按钮时，要求 Label 控件在窗体上消失，同时文本框 TextBox 中的内容变为"程序设计教程"，字体大小变为 20。

图 10.2 初始窗体界面

实验二 程序设计基础

一、实验学时

4 学时。

二、实验目的

◇ 了解程序设计过程。
◇ 熟悉 3 种基本程序结构。
◇ 能够使用 VB6.0 编译环境进行程序设计。

三、相关知识

结构化程序设计提出了顺序结构、选择（分支）结构和循环结构 3 种基本程序结构。一个程序无论大小都可以由 3 种基本结构搭建而成。

1. 顺序结构

顺序结构要求程序中的各个操作按照它们出现的先后顺序执行。这种结构的特点是程序从入口点开始，按顺序执行所有操作，直到出口点处。顺序结构是一种简单的程序设计结构，它是最基本、最常用的结构，是任何从简单到复杂的程序的主体基本结构。

2. 选择结构

选择结构（也叫分支结构）是指程序的处理步骤出现了分支，它需要根据某一特定的条件选择其中的一个分支执行。它包括两路分支选择结构和多路分支选择结构。其特点是根据所给定的选择条件的真（分支条件成立，常用 Y 或 True 表示）与假（分支条件不成立，常用 N 或 False 表示），来决定从不同的分支中执行某一分支的相应操作，并且任何情况下都有"无论分支多寡，必择其一；纵然分支众多，仅选其一"的特性。

选择结构语句有两种：If 结构条件语句和 Select Case 语句。

3. 循环结构

所谓循环，是指一个客观事物在其发展过程中，从某一环节开始有规律地重复相似的若干环节的现象。循环的各子环节具有"同处同构"的性质，即它们"出现位置相同，构造本质相同"。程序设计中的循环，是指在程序设计中，从某处开始有规律地反复执行某一操作块（或程序块）的现象，并称重复执行的该操作块（或程序块）为它的循环体。

循环语句可以分为 3 种："当"型循环语句、"直到"型循环语句和"步长"型循环语句。

四、实验范例

1. 顺序结构

给定春、夏、秋、冬 4 幅图片，设计一个用户界面，界面由 1 个图像框和 4 个按钮——春、夏、秋、冬构成，如图 10.3 所示。为了使图片能充满整个图像框，可以将图像框的 Stretch 属性设置为"True"。程序运行后，在按下 4 个按钮中的任何一个的时候能够在图片框中显示出对应的季节图片，如图 10.4 所示。

4 个按钮的 Click 事件的程序代码参考如下。

```
Private Sub Command1_Click()
    Image1.Picture = LoadPicture("D:\VB\图片\春.jpg")
End Sub
Private Sub Command2_Click()
    Image1.Picture = LoadPicture("D:\VB\图片\夏.jpg")
End Sub
Private Sub Command3_Click()
    Image1.Picture = LoadPicture("D:\VB\图片\秋.jpg")
End Sub
Private Sub Command4_Click()
    Image1.Picture = LoadPicture("D:\VB\图片\冬.jpg")
End Sub
```

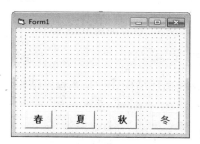

图 10.3　Form 窗口的组成图

图 10.4　运行界面图

2. 选择结构（一）——If 语句

设计一个由两个按钮（开始、退出）构成的 Form 窗口，如图 10.5 所示。程序启动运行后，当用户按"开始"按钮的时候，屏幕弹出窗口，允许用户依次输入 3 个数字，并在输入完成后在窗体上显示用户输入的 3 个数字及 3 个数字的最大值。运行结果如图 10.6 所示。

图 10.5　Form 窗口的组成图

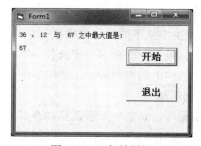

图 10.6　运行结果图

两个按钮的 Click 事件的程序代码参考如下。

```
Private Sub Command1_Click()
```

```
    Dim m!, n!, p!, max!
    m = Val(InputBox("请输入第 1 个数: "))
    n = Val(InputBox("请输入第 2 个数: "))
    p = Val(InputBox("请输入第 3 个数: "))
    max = m
    If n > max Then max = n
    If p > max Then max = p
    Print
    Print m; "、"; n; " 与 "; p; "之中最大值是: "
    Print
    Print max
End Sub

Private Sub Command2_Click()
    End
End Sub
```

3. 选择结构（二）——Select Case 语句

从键盘上输入 1 个 0～6 的整数，然后在窗体中显示用中文表示的星期几。如果输入 0，显示"星期日"；输入 1，显示"星期一"等。运行界面如图 10.7 所示。

程序代码参考如下。

```
Private Sub Form_Click()
    Dim var
    var = InputBox("请输入一个数字(0～6)")
    If var <> "" Then
        Select Case var
            Case 0
                Print "星期日"
            Case 1
                Print "星期一"
            Case 2
                Print "星期二"
            Case 3
                Print "星期三"
            Case 4
                Print "星期四"
            Case 5
                Print "星期五"
            Case 6
                Print "星期六"
            Case Else
                Print "必须输入 0～6 中的一个数字! "
        End Select
    End If
End Sub
```

图 10.7　运行界面图

4. 循环结构（一）——"直到"型循环

计算 $s=1+2+3\cdots+n$，当 n 等于多少的时候，s 超过 10。程序启动运行后，单击"计算"按钮，运行结果如图 10.8 所示。

"计算"按钮的 Click 事件的程序代码参考如下。

```
Private Sub Command1_Click()
```

```
    Dim n As Integer
    Dim s As Single
    n = 0
    s = 0
    Do
        n = n + 1
        s = s + n
        Print "s="; s, "n="; n
    Loop Until s > 10
    Print "当n="; n; "的时候, s 超过10"
End Sub
```

图 10.8　运行结果图

5. 循环结构（二）——步长型循环

分别计算区间 $1 \sim N$ 之间的奇数、偶数之和。

设计一个由 3 个 Lable 框（"请输入要计算的数："、"奇数和："、"偶数和："）3 个 TextBox 框和一个命令按钮（"计算"）构成的 Form 窗口，如图 10.9 所示。运行后，允许用户向"请输入要计算的数"后的文本框输入要计算的最大的整数 N，单击计算后，在"奇数和"和"偶数和"后的文本框中分别显示出 $1 \sim N$ 之间的所有奇数的和及所有偶数的和。运行界面如图 10.10 所示。

图 10.9　Form 窗口的组成图

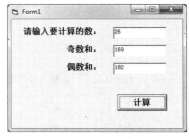

图 10.10　运行界面图

"计算"按钮的程序代码参考如下。

```
Private Sub Command1_Click()
    Dim i%, s1%, s2%
    s1 = 0
    s2 = 0
    For i = 2 To Text1.Text Step 2
        s2 = s2 + i
    Next i
    For i = 1 To Text1.Text Step 2
        s1 = s1 + i
    Next i
    Text2.Text = s1
    Text3.Text = s2
End Sub
```

五、实验要求

（1）能够熟练进行用户界面的建立以及对象属性的设置。

（2）能够根据题目要求进行正确类型的变量定义。

（3）能够熟练对对象事件的编程，并进行程序的保存和运行。

（4）熟悉程序设计中的 3 种程序结构，能够针对不同的应用选择相应的程序结构语句，编写程序代码。

（5）能够熟练运用程序设计中的 3 种结构来进行程序设计，独立完成下列任务。

① 编写程序，实现对用户输入的正整数 n 的阶乘的计算，并显示结果。

要求：用户界面由两个标签 Label1 和 Label2（Caption 属性分别为"请用户输入正整数："和
"该正整数的阶乘 ="）、两个文本框 Text1 和 Text2（Text 属性为空）和两个命令按钮 Command1
和 Command2（Caption 属性分别为"计算"和"退出"）。运
行时，用户在"请用户输入正整数："后的文本框中输入一个
正整数，单击"计算"按钮，能够在"该正整数的阶乘 ="
后的文本框中显示出计算的结果，如图 10.11 所示。

图 10.11　计算正整数的阶乘

② 建立如图 10.12 所示的应用程序用户界面，单击"计
算"按钮，根据用户输入的应发工资计算实发工资，单击
"清空"按钮将文本框置空。计算方法：若应发工资大于等
于 1 600 元，增加工资 20%；若小于 1 600 元，且大于等于
1 200 元，则增加工资的 15%；若小于 1 200 元，则增加工资的 10%。

③ 编写程序，单击"计算"按钮时，在文本框中显示如图 10.13 所示的图形。提示：为了在
文本框中显示多行文本，需要将文本框的 MultiLine 属性设置为"True"。

图 10.12　计算实发工资

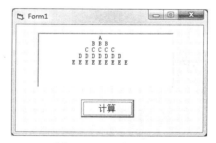

图 10.13　显示界面图

第11章
网页制作

主教材第 11 章以 Dreamweaver 8 为例，详细介绍网页的设计方法，包括网站与网页的关系以及网页中文本、图像、声音、表格、表单、框架的处理方法。通过对本章的学习，可使学生掌握网页设计的基本思想和方法，能够实现简单网页的设计。

实验一　网站的创建与基本操作

一、实验学时

2 学时。

二、实验目的

◇熟悉 Dreamweaver 8 的开发环境。

◇了解网页与网站的关系。

◇了解构成网站的基本元素。

◇掌握在网页中插入图像、文本的方法。

◇掌握网页中文本属性的设置方法。

◇了解网页制作的一般步骤。

三、相关知识

网站是由网页通过超级链接形式组成的。网页是构成网站的基本单位，当用户通过浏览器访问一个站点的信息时，被访问的信息最终以网页的形式显示。网页上最常见的功能组件元素包括站标、导航栏、广告条。而色彩、文本、图片和动画则是网页最基本的信息形式和表现手段。

Dreamweaver 8 是 Macromedia 公司开发的专业网页制作软件，是当今比较流行的版本。它与 Flash 8 和 Fireworks 8 一起构成"网页三剑客"，深受广告网页设计人员的青睐。它不仅可以用来制作出兼容不同浏览器和版本的网页，同时还具有很强的站点管理功能，是一款"所见即所得"的网页编辑软件，适合不同层次的人使用。

四、实验范例

制作一个简单的个人主页，完成效果如图 11.1 所示。

图 11.1 个人主页图示

具体操作步骤如下。

1. 创建站点文件夹

创建网页前，先要为网页创建一个本地站点，用来存放网页中的所有文件。首先在本地计算机的硬盘上创建一个文件夹，如在本地磁盘 D 盘下创建一个名称为 Mypage 的文件夹，用来存放站点中的所有文件。并在该文件夹下创建一个子文件夹 Image，用来存放站点中的图像。

2. 创建本地站点

启动 Dreamweaver 8，进入 Dreamweaver 8 的界面。选择菜单命令"站点"|"新建站点"，在弹出的"未命名站点 1 的站点定义为"对话框中单击"高级"标签，设置站点名称，如"我的个人网站"。本地根文件夹和默认图像文件夹即在步骤 1 中创建的文件夹"D:\Mypage"和"D:\Mypage\Image"，如图 11.2 所示。

图 11.2 创建本地站点

3. 新建文档

单击"文件"菜单中的"新建"，或者按下 Ctrl+N 组合键，在弹出的"新建文档"对话框中选择创建一个 HTML 页面，单击"创建"按钮，即可创建一个网页文档。

4. 修改网页标题并保存文档

在文档工具栏的"标题"文本框中输入网页标题，在此输入"欢迎进入我的空间"，如图 11.3

所示。输入后，按 Ctrl+S 组合键，在弹出的"另存为"对话框中，选择保存到本地站点的根目录下，并命名为"index.html"，单击"保存"按钮保存文档，文件名随即显示在应用窗口顶部标题栏的括号中。

图 11.3　设置网页的标题

5. 输入文本，设置网页的主题和导航条，并设置文本属性

在第一行输入网页的主题，如"轻舞飞扬——我的个人空间"，在"属性"面板中设置该文本的属性，如将"轻舞飞扬"4 个字的字体设置为华文彩云，大小为 36 点数，文本颜色为#FF6666，"我的个人空间"字体为宋体，大小为 24 点数，颜色为#FF9900，文本均居中显示。

按下回车键换行，将输入法调整到全角模式，依次输入"我的图片""我的音乐""我的作品""网络文摘"和"给我留言"作为站点页面的导航栏，在每个栏目之间输入一个空格。选中所输入的文本，在文本的"属性"面板中将字体设置为宋体，大小为 24 点数，颜色为#FF00CC，居中对齐，如图 11.4 所示。

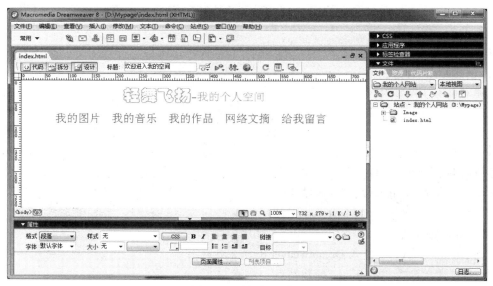

图 11.4　导航条的设置

6. 插入图像

按下回车键换行，选择菜单命令"插入"|"图像"，弹出"选择图像源文件"对话框，从存放图像的文件夹下选择一个图像文件，如本例选择了"D:\ Mypage\Image\bj.jpg"文件，单击"确定"按钮。

7. 插入水平线，输入联系方式

按下回车键换行，选择菜单命令"插入"|"HTML"|"水平线"，在文档中插入水平线，并在"属性"面板中设置水平线的属性：宽度为 560 像素，高度为 2。再次按下回车键换行，输入文本"联系地址：郑州轻工业学院　邮政编码：450002　电话：0371—XXXXXXXX"。选择所有刚刚输入的文字，在"属性"面板中设置字体为宋体，大小为 16 点数，单击居中对齐按钮，将文

本对齐到文档的中心。效果如图 11.5 所示。

图 11.5　网页设置效果

8. 设置背景颜色

网页背景颜色默认为白色，如要修改网页背景颜色，可单击"修改"菜单中的"页面属性"菜单项，或者按 Ctrl + J 组合键，弹出"页面属性"对话框，在"分类"列表中选择"外观"选项，将"背景颜色"设置为自己喜欢的与网页整体协调的颜色，如图 11.6 所示。

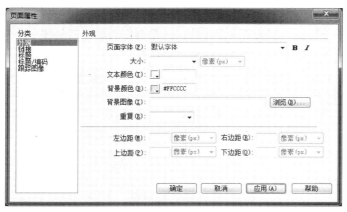

图 11.6　背景颜色的设置

9. 保存文件

前面的操作执行完成后，按 Ctrl + S 组合键保存文件。至此，一个简单的个人主页就完成了。

五、实验要求

熟悉 Dreamweaver 8 的开发环境，掌握网站创建的一般步骤，并熟悉各种网页元素的添加、设置和使用，能够进行图片、文本的添加，并设置相应的属性，能够独立完成一个个人网站的创建。

实验二　网页中的表格和表单的制作

一、实验学时

2 学时。

二、实验目的

◇掌握使用表格来排版布局网页的方法。
◇掌握对表格属性和单元格属性的设置方法。
◇掌握页面属性的设置方法。
◇掌握图像和文本的添加方法，并能设置其属性。
◇掌握表单和表单对象的插入方法及其属性的设置。
◇掌握超级链接的建立方法。
◇熟悉网站的创建和打开过程。

三、相关知识

网页中，表格的基本操作有：插入表格、表格属性设置、单元格属性设置、表格的选取、添加删除行和列、合并/拆分单元格和在表格中插入网页元素。

在页面中添加表单传递数据需要两个步骤，一是制作表单，二是编写处理表单提交的数据的服务器端应用程序或客户端脚本，通常是 ASP、JSP 等。

网站中最常见的表单应用是注册页面、登录页面等，也就是客户向服务器提交信息的"场合"。以申请论坛会员为例，用户填写好表单，单击某个按钮提交给服务器，服务器记录下用户的资料，并提示给用户操作成功的信息，还会返回给用户账号等信息，这时就成功完成了一次与服务器的交互，用户登录论坛时，要填写正确的账户和密码，提交给服务器，服务器审核正确后，才允许用户登录论坛，有时候还会分配给用户一些会员才有的权限。

四、实验范例

1. 使用表格制作网络图片欣赏页面

制作"我的图片"页面，效果如图 11.7 所示，并与"轻舞飞扬——我的个人空间"进行链接，具体操作步骤如下。

（1）打开站点

启动 Dreamweaver 8，进入 Dreamweaver 8 的操作界面，单击"站点"菜单中的"管理站点"菜单项，弹出图 11.8 所示的"管理站点"对话框，选择"我的个人网站"，单击"完成"按钮后打开该站点。

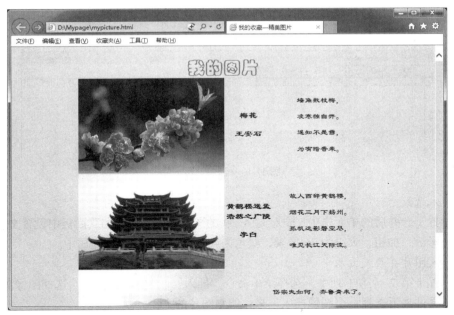

图 11.7 "我的图片"页面

（2）新建文档，修改网页标题并保存

单击"文件"菜单中的"新建"菜单项，在弹出的"新建文档"对话框中选择创建一个 HTML格式的基本页，此时会显示出一个空白网页，在"标题"文本框中输入"我的收藏——精美图片"，按 Ctrl + S 组合键，在弹出的"另存为"对话框中，选择保存到本地站点根目录下，并将文件命名为"mypicture.html"，单击"保存"按钮，保存文档。

（3）插入表格

单击"插入"菜单中的"表格"菜单项，弹出"表格"对话框。将该对话框中的"行数"设置为 6，"列数"设置为 3，"表格宽度"设置为 600 像素，"边框粗细"设置为 0，"单元格边距"设置为 0，如图 11.9 所示。设置完成后单击"确定"按钮，在"属性"面板的"对齐"下拉列表中选择"居中对齐"，将表格对齐到文档的中心，此表格标记为表格 1。

图 11.8 "管理站点"对话框

图 11.9 插入表格

（4）合并单元格

选择表格的第一行，选择菜单命令"修改"｜"表格"｜"合并单元格"，将第一行的两个单元格合并为一个单元格，如图11.10所示。

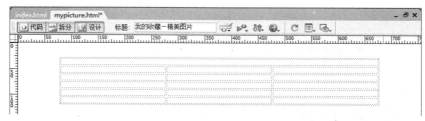

图11.10　合并单元格

（5）文本录入

将光标置于合并后的单元格中，输入文字"我的图片"，并在"属性"面板中设置文本的属性：字体为华文彩云，加粗，大小为36像素，颜色为#CC3366，对齐方式为居中。

（6）插入图片并录入文本

将光标置于第2行第1列中，选择菜单命令"插入"｜"图像"，弹出"选择图像源文件"对话框，从该文件夹下选择一个图像插入进来，调整图片的大小。

将光标置于第2行第2列中，输入与图片配套的诗词题目与作者，在"属性"面板中设置文本的属性：字体为隶书，加粗，大小为18像素，颜色为黑色，对齐方式为居中。在第2行第3列中，输入诗词的内容，并在"属性"面板中设置文本的属性：字体为隶书，大小16像素，颜色为黑色，对齐方式为居中。

用同样的方式，向其余各行中插入图片，录入文本，并设置文本的格式，如图11.11所示。

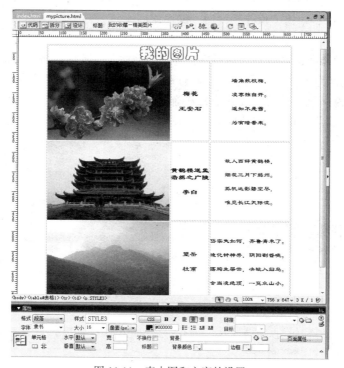

图11.11　表中图和文字的设置

（7）设置表格的背景与页面的背景

将鼠标置于表格边框上单击，下方将出现表格的"属性"面板。在属性面板中，设置背景颜色为#CCCCFF。

在页面任一空白处单击，在下方的"属性"面板中选择"页面属性"按钮，单击进入页面属性对话框，设置背景颜色与表格的背景颜色一样，为# CCCCFF，如图 11.12 所示。

图 11.12　页面背景颜色的设置

（8）保存文件并浏览

按 Ctrl + S 组合键保存文件。按 F12 键，在浏览器中浏览，效果如图 11.7 所示。

（9）创建超级链接并保存

打开网页文件"index.html"，在文档窗口中选择导航栏中的文本"我的图片"，在属性面板中单击"链接"文本框右侧的浏览按钮，在打开的"选择文件"对话框中选择链接的目标文件"mypicture.html"后单击"确定"按钮。继续在"属性"面板的"目标"下拉列表中选择链接的打开为"_blank"，按 Ctrl + S 组合键保存。在浏览器中浏览该页面，可以看到已经为"我的图片"创建了超级链接，单击该链接文字即可打开图片页面。

可以按照上面介绍的方法继续创建"我的音乐""我的作品""网络文摘"和"给我留言"页面并与"轻舞飞扬——我的个人空间"进行链接。

2. 使用表单制作会员注册页面

在登录网站的时候，常常会需要用户注册个人信息，这种页面的制作需要用到表单。这里将用表单制作一个如图 11.13 所示的简单的会员注册页面。

具体操作步骤如下。

（1）创建本地站点

和实验一中创建站点的操作方法相同，先在本地计算机的硬盘上创建一个文件夹，如"D:\Member_registration"，用来存放站点中的所有文件。并在该文件夹下创建一个子文件夹 Image，用来存放站点中的图像。打开 Dreamweaver 8，新建站点并命名为"会员注册"，将本地根文件夹和默认图像文件夹设置为之前创建的文件夹。

（2）新建文档并修改网页标题

新建一个 HTML 文档，在"标题"文本框中输入"填写注册信息_注册"。

（3）设置页面属性

单击"修改"菜单中的"页面属性"菜单项，弹出"页面属性"对话框，在"分类"列表中选择"外观"选项，在右侧将"大小"设置为 12 像素，"文本颜色"设置为#003399，"背景颜色"设置为 # EBF2FA，"上边距"和"下边距"均设置为 0 像素，如图 11.14 所示。

图 11.13　一个简单的会员注册界面

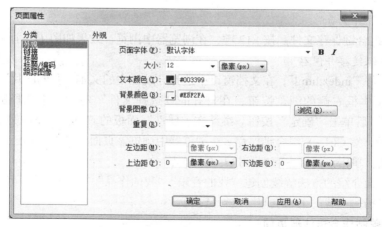

图 11.14　"页面属性"设置对话框

（4）保存文档

按 Ctrl + S 组合键，保存到本地站点根目录下，命名为"zhuce.html"。

（5）插入表格

将光标置于文档窗口中，选择菜单命令"插入"|"表格"，弹出"表格"对话框。设置行数为 1，列数为 1，表格宽度为 720 像素，边框粗细为 0，单元格边距为 0，单元格间距为 0，单击

"确定"按钮。在"属性"面板中将表格对齐到文档中心，此表格标记为表格 1。

（6）插入图片

将光标置于表格中，选择菜单命令"插入"|"图像"，弹出"选择图像源文件"对话框，找到图片所在文件夹，选择一个图片插入进来，并调整图片的大小。

（7）插入表单

将光标置于表格的右边；选择菜单命令"插入"|"表单"|"表单"，即可在文档中插入显示为红色虚线框的表单，如图 11.15 所示。

图 11.15　表单的插入

（8）在表单中插入表格

将光标置于表单中，选择菜单命令"插入"|"表格"，弹出"表格"对话框。设置行数为 10，列数为 3，表格宽度为 480 像素，边框粗细为 0，单元格边距为 0，单元格间距为 5，单击"确定"按钮。在"属性"面板中将表格对齐到文档中心，此表格标记为表格 2，如图 11.16 所示。

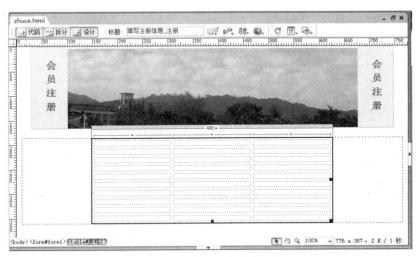

图 11.16　在表单中插入表格

（9）输入文本

将光标置于表格 2 的第 1 行第 1 列中，输入文本"用户名"，并调整好单元格的宽度，文本设置为右对齐。同样在第 1 列下边的 7 行中分别输入相应文本，如图 11.17 所示，并将第一列的文本对齐到单元格的右侧。

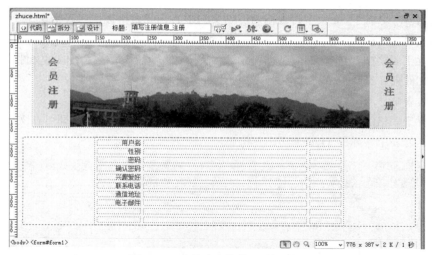

图 11.17　表单中表格第 1 列的设置

（10）插入单行文本域，设置文本域的属性

调整表格第 2、3 列的宽度后，将光标置于第 1 行第 3 列中，选择菜单命令"插入"｜"表单"｜"文本域"，在表单中插入一个单行文本域。在"属性"面板中将字符宽度设置为 20，最多字符数设置为 12，如图 11.18 所示。

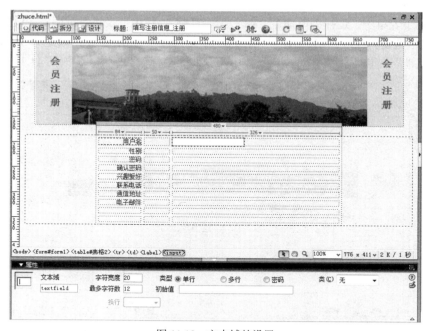

图 11.18　文本域的设置

（11）插入单选按钮，并添加图像和文本

将光标置于第 2 行第 3 列中，选择菜单命令"插入"｜"表单"｜"单选按钮"，在表单中插入一个单选按钮。在"属性"面板中将"初始状态"设置为"已勾选"。

将光标置于单选按钮后，选择菜单命令"插入"｜"图像"，插入一个小图标，接着输入一个空格，在空格后边输入"男"，如图 11.19 所示。

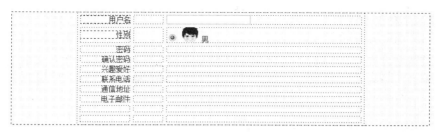

图 11.19　单选按钮的插入及设置

　　重复上述操作，插入另一个单选按钮，在"属性"面板中将"初始状态"设置为"未选中"，并添加图像和文本，设置文本为"女"。

（12）插入密码域

　　将光标置于第 3 行第 3 列中，选择菜单命令"插入"|"表单"|"文本域"，在表单中插入一个单行文本域。在"属性"面板中将字符宽度设置为 20，最多字符数设置为 18，选择"密码"类型。第 4 行第 3 列做相同的操作，如图 11.20 所示。

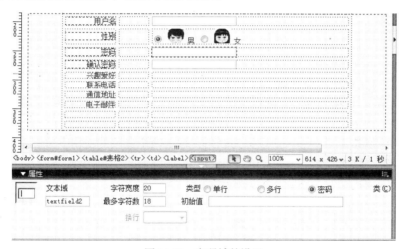

图 11.20　密码域的设置

（13）插入复选框

　　将光标置于第 5 行第 3 列中，选择菜单命令"插入"|"表单"|"复选框"，在表单中插入一个复选框。将光标置于复选框后，输入文本"旅游"。

　　在文本"旅游"后，重复上述步骤，插入 4 个复选框，并输入相应文本，如图 11.21 所示。

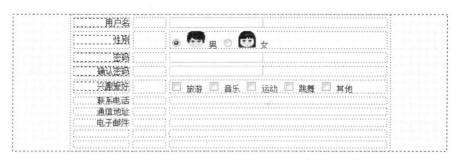

图 11.21　复选框的插入

（14）插入单行文本域

重复步骤（10）的操作，分别在第 6、7、8 行的第 3 列中各插入一个单行文本框，在"属性"面板中将字符宽度设置为 20，最多字符数设置为 20。对于第 8 行第 3 列的单行文本框，在"属性"面板的"文本域"中输入"email"，并在"初始值"文本框中输入符号"@"，如图 11.22 所示。

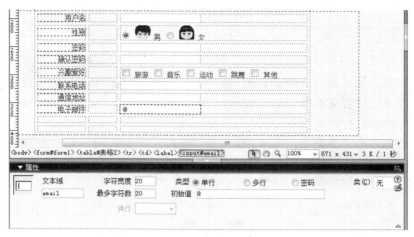

图 11.22　插入电子邮件地址文本域

（15）插入注册按钮和清除按钮

将光标置于第 10 行第 3 列中，选择菜单命令"插入"|"表单"|"按钮"，在表单中插入一个按钮。在"属性"面板中将"值"设置为"注册"，其余设置保持默认不变。

将光标置于注册按钮后，输入法设置为全角，输入两个连续的空格，重复上一步骤，再次插入一个按钮，设置"属性"面板中的"值"为"清除"，"动作"为"重设表单"，如图 11.23 所示。

至此，一个简单的会员注册页面就完成了。

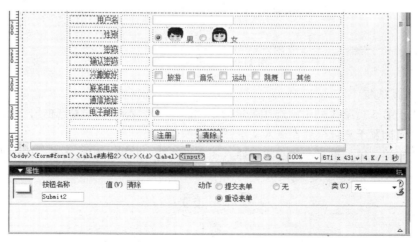

图 11.23　按钮的设置

五、实验要求

熟练掌握表格的添加、设置方法，掌握表单及表单元素的添加和设置方法，能够独立运用表格和表单的相关技术来排版布局网页，并创建一个新会员注册网页，链接到实验一的个人网站中。

实验三 框架网页的创建

一、实验学时

2 学时。

二、实验目的

◇ 理解框架集与框架的概念。
◇ 掌握框架的基本分布结构和各个框架页面之间的相互联系。
◇ 能够利用框架结构创建框架页面。

三、相关知识

框架是指浏览器窗口被分为几个区域分别显示不同内容的页面布局方式。与表格布局不同的是，框架是将浏览器窗口分为几个不同的区域，在不同的区域中可以显示不同的网页文档的内容，从而可以对每个区域中显示的内容单独控制，并且在页面上某个区域的内容发生改变时，其他区域的内容可以保持不变。

框架集文件简单地说就是框架的集合，它记录了页面内的每一个框架的信息，包括它们如何在页面中显示，以及每个框架中要显示的页面的链接。

一个框架集文件用<frameset>标签标识，它包括了其中的框架的大小和位置等信息，一个框架用<frame>标签标识，它包括了要在这个框架中显示的页面的链接和其他一些信息。

四、实验范例

采用框架结构创建一个如图 11.24 所示的简单的个人网上书屋。

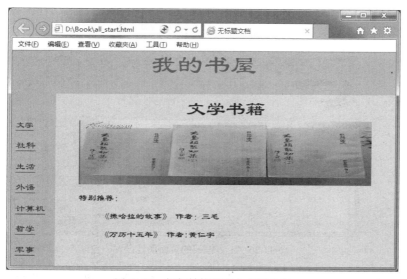

图 11.24 框架结构的网上书屋页面

具体操作步骤如下。

（1）创建本地站点。

（2）新建框架集。单击"文件"菜单中的"新建"菜单项，在弹出的"新建文档"对话框的"类别"列表中选择"框架集"选项，右侧将显示出框架集的设置类型，从中选择"上方固定，左侧嵌套"的框架结构，如图 11.25 所示。单击"创建"按钮，即可创建框架集页面。每个框架的标题使用默认设置。

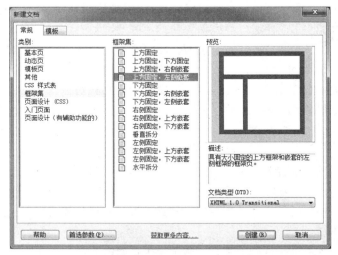

图 11.25　新建框架集

（3）保存文档，修改网页标题。单击"文件"菜单中的"保存全部"菜单项，在弹出的"另存为"对话框中，依次将框架集网页和框架网页命名为"all_start.html""main.html""left.html"和"top.html"，并保存在本地站点的根目录下。

（4）制作上方框架中的网页。

① 设置页面属性。将光标置于上方框架中，单击"修改"菜单中的"页面属性"菜单项，弹出"页面属性"对话框，在"分类"列表中选择"外观"选项，在右侧将"背景颜色"设置为#33CCFF，"上边距"和"下边距"设置为 0，如图 11.26 所示。

图 11.26　上方框架的页面属性设置

② 输入文本。输入网页的主题，如"我的书屋"，在"属性"面板中设置该文本的属性，设置字体为隶书，大小为 48 点数，文本颜色为#CC0099，居中显示。

（5）制作左框架中的网页。

① 设置页面属性。将光标置于左侧框架中，单击"修改"菜单中的"页面属性"菜单项，弹出"页面属性"对话框，在"分类"列表中选择"外观"选项，在右侧将背景颜色设置为#33CCFF，上边距和下边距设置为0。

② 录入文本，并调整左框架大小。依次录入"文学""社科""生活""外语""计算机"等文本作为图书的分类目录，在属性面板中设置文本属性：字体为隶书，大小为 18 像素，颜色为#FFFFFF。利用鼠标向右拖动左边框架边框，改变左框架的大小，以适应文字的大小。

③ 设置左框架的属性。按住 Alt 键，同时在左框架中单击鼠标，选择左框架，在"属性"面板中将"滚动"设置为"自动"，如图 11.27 所示。

图 11.27　左框架属性的设置

（6）制作主框架中的网页。

① 设置页面属性。将光标置于主框架中，单击"修改"菜单中的"页面属性"菜单项，弹出"页面属性"对话框中，在"分类"列表中选择"外观"选项，在右侧将背景颜色设置为# 33FFFF。

② 插入表格。将光标置于右框架中，选择菜单命令"插入"|"表格"，弹出"表格"对话框，设置行数为 3，列数为 1，表格宽度为 480 像素，边框粗细为 0，单元格边距为 0，单元格间距为 0。单击"确定"按钮，创建表格。在"属性"面板的"对齐"下拉列表中选择"居中对齐"，将表格对齐到文档中心。

③ 填充表格。在表格的第一行输入文本"文学书籍"，设置文本属性：字体为隶书，大小为 36 像素，颜色为黑色，居中对齐。在表格第二行插入一个文学方面书籍的图片。在表格第三行录入一些推荐的书目信息，并设置相应的文本格式，如图 11.28 所示。

④ 保存该框架页面。单击"文件"菜单中"框架另存为"菜单项，将文件命名为"r1.html"，保存在本地站点的根目录下。

⑤ 重复以上步骤，制作主框架中的其他网页"r2.html"～"r7.html"。

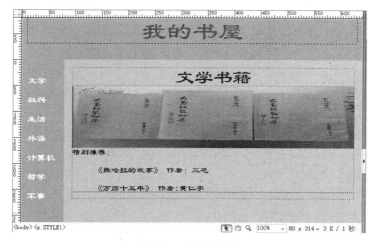

图 11.28　主框架网页

（7）创建链接。在左侧框架中选中文本"文学"，在"属性"面板的"链接"文本框中输入"r1.html"，"目标"设置为"mainframe"，创建左侧框架页面与主框架页面的链接。

用相同的方式创建文本"社科""生活"等与其他网页对应的链接。至此，一个框架网页集就制作完成了。

五、实验要求

了解框架集与框架的概念，能够独立使用上方固定、左侧嵌套的框架结构创建一个学科介绍网站，使用户可以在左侧框架选择自己要关注的学科。在主框架中将该学科的情况做简单介绍。

第12章
常用工具软件

主教材第 12 章实验主要讲述了一键 Ghost 与 FinalData、WinRAR、视频编辑专家、光影魔术手几个常用软件的详细使用方法，通过本章的学习，可使读者使用这些软件，为方便使用计算机提供帮助。

实验一　一键 Ghost 与 FinalData

一、实验学时

1 学时。

二、实验目的

◇能够使用一键 Ghost　V2014.07.18 进行系统盘的一键备份和一键恢复。
◇能够使用一键 Ghost　V2014.07.18 进行硬盘克隆与备份、还原备份。
◇能够使用 FinalData 恢复文件。
◇能够使用 FinalData 恢复电子邮件。

三、相关知识

Ghost 是赛门铁克公司推出的一个用于系统、数据备份与恢复的工具，是备份系统常用的工具。它可以把一个磁盘上的全部内容复制到另外一个磁盘上，也可以把磁盘内容复制为一个磁盘的镜像文件，以后可以用镜像文件创建一个原始磁盘的拷贝。

FinalData 是一款威力非常强大的数据恢复工具，当文件被误删除（且从回收站中清除）、FAT 表或者磁盘根区被病毒侵蚀造成文件信息全部丢失、物理故障造成 FAT 表或者磁盘根区不可读，以及磁盘格式化造成的全部文件信息丢失之后，FinalData 都能够通过直接扫描目标磁盘抽取并恢复出文件信息。

四、实验范例

1．一键 Ghost　V2014.07.18 的使用

（1）下载、安装一键 Ghost　V2014.07.18 并运行。

从网站下载一键 Ghost　V2014.07.18，安装后双击桌面上的"一键 Ghost"图标，弹出"一

键备份 C 盘"对话框。

（2）使用一键 Ghost　V2014.07.18 进行系统的备份和恢复。

（3）使用一键 Ghost　V2014.07.18 手动分区备份与还原备份。

具体操作方式请参阅配套教材。

2．FinalData 的使用

（1）下载安装 FinalData 3.0 版，并运行。

下载安装程序后，打开软件弹出 FinalData 用户界面。

（2）使用 FinalData 简体中文 3.0 版扫描丢失文件。

（3）打开主程序，选择要恢复文件的驱动器，启动"簇扫描"，使用 FinalData 简体中文 3.0 版查找丢失的文件。

（4）扫描后，使用 FinalData 简体中文 3.0 版恢复误删除的文件。

（5）启动 FinalData 简体中文 3.0 版"文件恢复向导"，使用"Office 文件修复"，尝试修复 Office 文档。

（6）使用文件恢复向导，恢复已删除的电子邮件。

具体操作方式请参阅配套教材。

五、实验要求

（1）能够独立操作一键 Ghost　V2014.07.18 软件与使用 FinalData 简体中文 3.0 版软件完成上述实验。

（2）通过实验，区分在使用一键 Ghost　V2014.07.18 软件进行备份和恢复时一键操作与手动操作的不同之处。

（3）通过对 FinalData 简体中文 3.0 版软件的使用，了解各种文件恢复方法及各种方法之间的区别，熟练掌握其操作方式。

实验二　WinRAR

一、实验学时

1 学时。

二、实验目的

◇学会使用 WinRAR 进行文件的压缩。

◇学会使用 WinRAR 进行文件的解压缩。

三、相关知识

较大的文件在移动存储或转发的时候通常会遇到移动存储设备如 U 盘等容量不足的问题，用文件的压缩程序可以解决这个问题。一般文件经过压缩后体积会缩到原来的 10%～70%，如果压缩后一张磁盘还放不下，压缩软件还可以把它分到几张盘上去。文件压缩后变成.rar 或其他类型的压缩文件，再运行压缩程序时可以对其解压缩，恢复成原来的样子。文件还可以压缩成自解压文件（EXE 文件），直接运行它就可以解压缩。常用的文件压缩软件有 Winzip、WinRAR 等。其中 WinRAR 体积小、使用方便，本书主要介绍它的使用方法。

四、实验范例

本实验将以 WinRAR 为例，介绍文件的压缩、解压缩的方式。

下载 WinRAR 的网址是 www.rarsoft.com，选择 5.21 版。下载 Winzip 的网址是 www.winzip.com。

下载（或从其他渠道复制）来的 WinRAR 5.21 版安装程序是一个自解压程序。双击它运行后，出现如图 12.1 所示的窗口。

可以在上方列表框选择安装的文件夹位置，默认（不选择时）位置为 C:\Program Files\WinRAR，单击"Install"（安装），在出现的安装选项窗口中单击"OK"按钮，再在出现的注册窗口中单击"Done"（完成）按钮，就可以把程序解开压缩到指定的文件夹中去了。

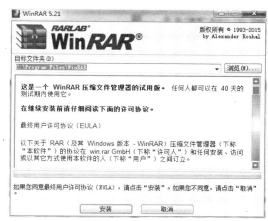

图 12.1　WinRAR 的安装窗口

操作步骤如下。

（1）单击"开始"菜单中"所有程序"里的"WinRAR"下的"WinRAR"图标，即可进入 WinRAR 运行主界面，如图 12.2 所示。

图 12.2　WinRAR 主界面

（2）压缩文件，方法如下。

① 选取"命令"菜单中的"添加文件到档案文件"或单击工具栏上的"添加"按钮，屏幕将出现如图 12.3 所示"压缩文件名和参数"对话框。

② 在"常规"选项卡下的"压缩文件名"下的文本框中直接输入压缩后的文件名，则压缩后的文件将以该文件名保存在默认文件夹中。也可以通过"浏览"按钮选择保存路径。以在默认文

件夹下输入"contact.rar"为例。

③ 在"文件"选项卡下的"压缩文件名"中输入想要压缩的文件名（如果要压缩整个文件夹下的文件，则输入文件夹名），也可通过"附加"按钮在弹出的对话框中选择要压缩的文件（或文件夹），如图 12.4 所示。

图 12.3　"压缩文件名和参数"对话框　　　　图 12.4　"请选择要添加的文件"对话框

④ 单击"确定"按钮，则压缩结果如图 12.5 所示。

图 12.5　压缩结果

（3）解压缩文件，方法如下。

① 首先选中要解压的文件，再选取"命令"菜单中的"解压到指定文件夹"，或单击工具栏中的"解压到"按钮，屏幕将出现如图 12.6 所示的"解压路径和选项"对话框。

② 系统在"目标路径"中显示默认的解压路径，也可以自己在文本框中输入文件存放路径，还可以在右边的窗口中进行选择。以默认的解压路径进行解压，结果如图 12.7 所示。

五、实验要求

能够独立使用 WinRAR 进行文件的压缩和解压缩。

图 12.6　"解压路径和选项"对话框

图 12.7　解压后的界面

实验三　视频编辑专家

一、实验学时

1 学时。

二、实验目的

◇能够熟练使用视频编辑专家的各种功能编辑视频。

三、相关知识

个人视频的新时代已经来临了，在这个时代里，任何人都可以坐在家用计算机前，制作出的影片品质堪与摄影棚拍摄的影片媲美。

视频编辑专家这一软件不仅仅是对素材的简单合成，还包括了对原有素材进行再加工，实现导出视频独特展示效果，如图片间的转场特效、MTV 字幕同步、字幕特效、简单的视频截取等。

视频编辑专家其实是对图片、视频、音频等素材进行重组编码工作的多媒体软件。重组编码是将图片、视频、音频等素材进行非线性编辑后，根据视频编码规范进行重新编码，转换成新的格式，如 VCD、DVD 格式，这样图片、视频、音频无法被重新提取出来，因为已经转化为新的视频格式，已发生质的变化。

视频编辑专家的另一个重要技术特征在于，除了具有图片转视频的技术，优秀专业的视频编辑软件，还具有为原始图片添加各种多媒体素材，使制作出的视频图文并茂，例如，为图片配音乐，添加 MTV 字幕效果，各种相片过渡转场特效等。

四、实验范例

本实验将练习使用视频编辑专家进行视频编辑，熟练掌握视频分割与合并、视频转换、视频切割、配音配乐、添加字幕等功能。

1．视频编辑专家的安装

（1）打开 IE 浏览器，进入视频编辑软件官网锐动天地 http://www.17rd.com/，如图 12.8 所示。

图 12.8　官网首页

（2）进入产品页面，可以看到其中有视频编辑专家 8.0 版，单击"查看详情"按钮，进入产品下载页面，如图 12.9 所示。

视频编辑专家 Ver 8.0

视频编辑专家是一款专业的视频编辑软件，包含视频合并专家、AVI MPEG视频合并专家、视频分割专家、视频截取专家、RMVB视频合并专家的所有功能，是视频爱好者必备的工具！

功能简介

1.编辑与转换：可以转换MPEG 1/2/4, AVI, ASF, SWF, DivX, Xvid, RM, RMVB, FLV, SWF, MOV, 3GP, WMV, PMF, VOB, MP3, MP2, AU, AAC, AC3, M4A, WAV, WMA, OGG, FLAC等各种音视频格式；而且支持音量调节，时间截取，视频裁剪，添加水印和字幕等功能。

2. 视频分割：把一个视频文件分割成任意大小和数量的视频文件。

3. 视频文件截取：从视频文件中提取出您感兴趣的部分，制作成视频文件。

4. 视频合并：把多个不同或相同的音视频格式文件合并成一个音视频文件。

5. 配音配乐：给视频添加背景音乐以及配音。

6. 字幕制作：给视频添加字幕。

7. 视频截图：从视频中截取精彩画面。

图 12.9　产品下载页面

（3）进入产品下载页面后，单击"下载"按钮，下载软件到计算机，如图 12.10 所示。

（4）单击"一键安装"按钮，按照提示步骤操作，安装软件，如图 12.11 所示。

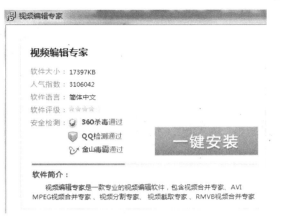

图 12.10　下载软件到计算机　　　　　　图 12.11　视频编辑专家安装界面

（5）按照提示步骤，完成软件的安装。打开视频编辑专家，其主界面如图 12.12 所示。

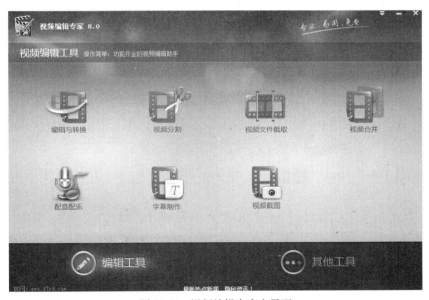

图 12.12　视频编辑专家主界面

2．练习视频的编辑与转换

（1）单击"编辑与转换"选项，然后单击"添加文件"按钮，选择添加需要转换的视频文件，如图 12.13 所示。

（2）添加文件后，单击"打开"按钮，然后选择将要转换的格式，如 RMVB 格式，单击"确定"按钮，继续单击"下一步"按钮，如图 12.14 所示，跳转到输出设置页面，此时可以设置输出目录，也可以更改目标格式，同时可以选中"显示详细设置"来对视频进行更为详细的设置。

图 12.13　打开需要转换的视频

图 12.14　视频输出设置

（3）继续单击"下一步"按钮，等待进度条完成，即完成整个视频格式的转换。

3. 视频的分割、合并与截取

（1）有时候为了方便存储或者转发，抑或是只需要保留一段较长的视频中的某一小段，我们需要将视频截取或者分割开来。在某些情况下，又需要把多段视频合并在一起。

① 在"视频编辑工具"列表中选择"视频分割"选项，在弹出的"视频分割"对话框中，单击"添加文件"按钮，然后在弹出的"打开"对话框中选择视频文件，单击"打开"按钮，之后

单击"下一步"按钮，如图 12.15 所示。

图 12.15　打开视频分割并添加文件

② 此时系统将自动弹出"浏览计算机"对话框，选择输出视频目录并单击"确定"按钮，然后选中"平均分割"选项，将分割值设置为"5"，随后单击"下一步"按钮，如图 12.16 所示。此时系统将自动分割视频，等待分割进度完成即可。

图 12.16　设置分割参数

（2）视频合并是视频分割的反向操作，是将几个视频剪辑在一起便于观看。

① 选择"视频合并"，然后单击"添加"按钮，在弹出的"打开"对话框中选择需要合并的视

频文件，可在按住 Ctrl 键的同时选择多个文件，并单击"打开"按钮，同时单击"下一步"按钮。

② 在弹出视频合并列表后，单击"输出目录"选项对应的文件夹按钮，在弹出的对话框中选择保存位置，并单击"保存"按钮，输入要合并的文件名字，同时单击"下一步"按钮，此时系统将自动合并视频，并显示合并进度和详细信息，等待其完成即可。

（3）视频截取是截取视频中的其中一段加以保留，同时截掉视频中不需要的部分。

① 选择"视频截取"，然后添加要截取的视频文件，设置输出目录，单击"下一步"按钮转到下一个动作，如图 12.17 所示。

图 12.17　添加视频文件

② 调整进度条设置要截取视频段落的开始时间与结束时间，然后单击"下一步"按钮，如图 12.18 所示。

图 12.18　设置截取时间

③ 等待进度条完成，即成功截取视频。

五、实验要求

能够独立使用视频编辑专家中的各种功能对视频进行编辑，如视频分割、视频截取、添加字幕、添加配乐等。

实验四　光影魔术手的使用

一、实验学时

1 学时。

二、实验目的

◇能够使用光影魔术手为照片添加边框。
◇能够使用光影魔术手对照片显示效果进行编辑调整。
◇能够使用光影魔术手为照片添加文字。
◇能够使用光影魔术手对多张照片进行批量处理。

三、相关知识

光影魔术手是款针对图像画质进行改善提升及效果处理的软件，它简单、易用，不需要任何专业的图像技术，就可以制作出专业胶片摄影的色彩效果，且其批量处理功能非常强大，具有快速对摄影作品进行后期处理、图片快速美容等功能，能够满足大部分人对照片进行后期处理的需要。

四、实验范例

（1）使用光影魔术手添加边框
① 在光影魔术手编辑窗口中打开一张素材照片，然后单击上方的"边框"选项，展开"边框合成"卷展栏，单击需要的边框，如图 12.19 所示。

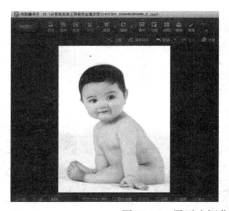

图 12.19　展开边框菜单

② 执行操作后，在弹出的对话框列表中任意选择自己需要的边框，即可在中间看到边框预览效果，如图 12.20 所示。

图 12.20　添加边框

（2）使用光影魔术手处理图片效果

① 在光影魔术手编辑窗口中打开一张素材照片，然后在编辑窗口的右侧切换至"数码暗房"选项，单击选择自己想要的效果。某些效果可根据需要调整参数，如"柔光镜"，以本图片为例，使用"去雾镜"后，再使用"柔光镜"效果，将"柔化程度"以及"高光柔化"的数值分别设置为"40""80"，如图 12.21 所示。

图 12.21　柔光镜

② 单击"确定"按钮后，再打开"胶片效果"中的"反转片负冲"，将"绿色饱和度""红色饱和度"以及"暗部细节"分别调整为 60、50、60，单击"确定"按钮执行操作。最终两种效果叠加，如图 12.22 所示。

图 12.22　叠加效果

③ 处理完毕后，保存图片文件即可。

（3）批处理照片

① 单击光影魔术手照片预览区右上方的小三角打开卷展栏，可以看到"日历""抠图""批处理"等多个选项，单击选中"批处理"选项，弹出批处理任务栏，单击下方的"添加"按钮添加照片，可以通过按住 Ctrl 键来一次打开多张图片，如图 12.23 所示。

② 打开待处理图片后，单击"下一步"按钮，跳转到第二步的批处理动作设置窗口，如图 12.24 所示。在右边的"请添加批处理动作"工具栏中选择"添加水印"按钮，跳转到下一步，如图 12.25 所示。

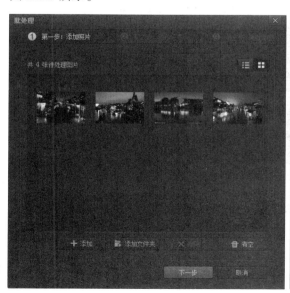

图 12.23　打开多张素材照片

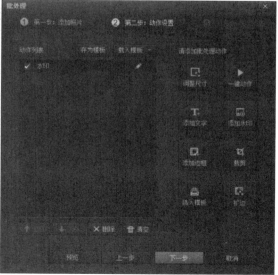

图 12.24　批处理动作选项

图 12.25　添加水印选项

③ 添加水印。选择计算机中保存的水印图片，调整水印的大小、位置、透明度、融合模式以及旋转角度等，如图 12.26 所示。

图 12.26　调整水印图片

④ 调整完毕单击"确定"按钮，选择输出路径并命名输出文件，同时设置输出格式。设置完成后单击"开始批处理"按钮，最后单击"确定"按钮，即完成照片的批量处理。

五、实验要求

光影魔术手还具有剪裁图片、多张照片拼图、画笔、抠图、添加文字等各种功能，熟练使用这些功能，并熟练掌握对各种图片的处理方法。

第二部分

主教材习题参考答案

第 1 章　计算机与信息技术基础习题参考答案

1. （1）一个完整的微机系统包括硬件系统和软件系统两大部分。

（2）硬件系统包括 5 大部分：控制器、运算器、存储器、输入设备和输出设备。控制器是计算机的"神经中枢"，用于分析指令，根据指令要求产生各种协调各部件工作的控制信号；运算器的主要功能是进行算术及逻辑运算，是计算机的核心部件；存储器的功能是存放程序和数据；输入设备用来输入程序和数据；输出设备用来输出计算结果，即将其显示或打印出来。

（3）软件系统可分为系统软件和应用软件两大部分。系统软件是为使用者能方便地使用、维护、管理计算机而编制的程序的集合。应用软件则主要面向各种专业应用，用于解决某一特定问题，一般指操作者在各自的专业领域中为解决各类实际问题而编写的程序。

2. （1）微型计算机的存储体系结构分为 3 层：主存储器、辅助存储器和高速缓冲存储器。主存储器又称内存，CPU 可以直接访问它。辅助存储器属外部设备，又称外存，常用的有磁盘、光盘、磁带等。

（2）内存的容量一般比较小，成本高，但访问速度快。外存的容量很大，速度慢，但价格便宜。

3. 微型计算机的升级换代主要有两个标志：微处理器的更新和系统组成的变革。

4. （1）计算机中用来表示存储器容量大小的最基本单位是字节（Byte），它由 8 个 bit（位）组成。

（2）1B 需要一个地址，那么一根地址总线访存容量为 1B，两根地址总线可访存的地址为 2^2，即 4B，一个总线系统中的地址总线若有 N 根，则可以说它的地址总线的宽度为 N，这样它最多可以寻找 2^N 个内存单元。

（3）KB 指千字节，即 1KB=1024B；MB 指兆字节，即 1MB=1024KB；GB 指 G 字节，即 1GB=1024MB；另外还有 TB，1TB=1024GB。

5. 根据补码运算的特征：X 的补码的补码为原码。对 11110110 再求一次补码即可回到原码。11110110 的补码为 10001010，则其真值为-10。

+1100101B=101D。

它的 8421BCD 码为 0001 0000 0001

6. $(2746.12851)_{10}=(1010101011010.00100001)_2=(5272.102)_8=(ABA.21)_{16}$。

7. 十进制数：+102
二进制数：1100110　原码：01100110　反码：01100110　补码：01100110
十进制数：-103
二进制数：-1100111　原码：11100111　反码：10011000　补码：10011001

8. $(123.625)_{10}=(1111011.101)_2=0.1111011101\times 2^{111}$
规格化的浮点格式：00000111 01111011101000000000000000

9. $(-110.0101)_2=-0.1100101\times 2^{-011}$
浮点格式：11111101 01100101000000000000000000

10.（1）汉字在计算机内部存储、传输和检索的代码称为汉字内码。

（2）由于汉字的输入码、字形码和机内码都不是唯一的，不便于不同计算机系统之间的汉字信息交换。为此我国制订了国标码，在国标码中为每个汉字规定唯一的区号和位号。一个汉字所在的区号和位号合并起来就组成了该汉字的区位码。利用区位码可方便地换算为机内码：

高位内码 ＝ 区号 ＋20H＋80H，低位内码 ＝ 位号 ＋20H＋80H。

第 2 章 操作系统基础习题参考答案

一、选择题

1. D　　　2. A　　　3. B　　　4. C　　　5. A

二、填空题

1. 还原　　2. 复制　　3. Ctrl　　4. .txt

三、思考题

1.（1）定义：操作系统是管理软、硬件资源，控制程序执行，改善人机界面，合理组织计算机工作流程和为用户使用计算机提供良好运行环境的一种系统软件。

（2）作用：操作系统作为计算机系统的管理者，它的主要功能是对系统所有的软、硬件资源进行合理而有效的管理和调度，提高计算机系统的整体性能。同时它为用户构成了一个方便、有效、友好的使用接口。

2. 以微软的操作系统为例，操作系统的发展主要经历了以下几个阶段。

（1）DOS（Disk Operating System）即磁盘操作系统，它曾经被最广泛地应用在 PC 上，对于计算机的应用普及可以说是功不可没的。

（2）1983 年 ～ 1998 年，美国 Microsoft 公司先后推出了 Windows 1.0、Windows 2.0、Windows 3.10、Windows 3.21、Windows NT、Windows 95、Windows 98 等系列操作系统，2001 年，Microsoft 公司推出了 Windows XP，随后又推出了 Windows Vista。基于 Windows XP 的优点，该系统被广大用户用了 10 余年。

（3）2009 年，微软于美国正式发布 Windows 7 作为微软新的操作系统。

（4）2011 年，Windows 8 公开发布。Windows 8 是由微软公司开发的具有革命性变化的操作系统，该系统旨在让人们日常电脑操作更加简单和快捷，为人们提供高效易行的工作环境。Windows 8 将支持来自 Intel、AMD 和 ARM 的芯片架构。

（5）Windows 10 是微软公司新一代操作系统，该系统于 2014 年 9 月 30 日发布技术预览版。Windows 10 正式版将于 2015 年发布，它是 Windows 成熟蜕变的登峰制作，Windows 10 正式版拥有崭新的触控界面为你呈现最新体验，全新的 Windows 将是现代操作系统的潮流，实现覆盖全平台，可以运行在手机、平板、台式机及 Xbox 和服务器端等设备中，芯片类型将涵盖 x86 和 ARM，拥有相同的操作界面和同一个应用商店，能够跨设备进行搜索、购买和升级。

3. 中文 Windows 7 的桌面由桌面背景、图标、任务栏、"开始"按钮、语言栏和通知区域组成。桌面上默认放置的图标有 "Administrator" "计算机" "网络" "回收站" 和 "Internet Explorer" 等图标。

4．（1）在"资源管理器"中进行文件复制的方法如下。

方法一：先选择"编辑"｜"复制"（也可用 Ctrl+C 组合键）命令，然后转换到目标位置，选择"编辑"｜"粘贴"（也可用 Ctrl+V 组合键）命令。

方法二：用鼠标直接把文件拖曳到目标位置松开即可（如果是在同一个磁盘内进行复制的，则在拖曳的同时按住 Ctrl 键）。

方法三：如果是把文件从硬盘复制到软盘、U 盘或活动硬盘，则可右键单击文件，在弹出的快捷菜单中选择"发送到"，然后选择一个盘符即可。

（2）在"资源管理器"中进行文件移动的方法如下。

方法一：先选择"编辑"｜"剪切"（也可用 Ctrl+X 组合键）命令，然后转换到目标位置，选择"编辑"｜"粘贴"命令（也可用 Ctrl+V 组合键）。

方法二：用鼠标直接把文件拖曳到目标位置松开即可（如果是在不同盘之间进行移动的，则在拖曳的同时按住 Shift 键）。

（3）在"资源管理器"中进行文件改名的方法如下。

方法一：右键单击想改名的文件图标，从快捷菜单中选择"重命名"，输入新的文件名即可。

方法二：选择"文件"｜"重命名"命令，输入新的文件名即可。

方法三：单击文件图标标题，输入新的文件名即可。

方法四：按 F2 键，输入新的文件名即可。

5．在资源管理器中删除的文件能否回复，不但要看文件删除的方式，同时还要看回收站的设置。如果采用普通的删除方法（直接按 Delete 键；右键单击图标，从快捷菜单中选择"删除"命令；选择"文件"｜"删除"命令），并且回收站的设置是没有选择"不将文件移到回收站中。移除文件后立即将其删除"，则文件被放入回收站，可以恢复；如果在删除文件的同时按住 Shift 键，或者回收站的设置是选择了"不将文件移到回收站中。移除文件后立即将其删除"，则文件被直接彻底删除，无法恢复。

6．对于键盘操作，可以用 Ctrl+Space 组合键来启动或关闭中文输入法，使用 Ctrl+Shift 组合键在英文及各种中文输入法之间进行轮流切换。同时，还可以用 Ctrl+.组合键切换中、英文的符号输入状态，用 Shift+Space 组合键切换全/半角输入状态。在切换的同时，任务栏右边的"语言指示器"在不断地变化，以指示当前正在使用的输入法。输入法之间的切换还可以用鼠标进行。具体方法：单击任务栏上的"语言指示器"，再选择－种输入方法即可。

7．Windows 7 控制面板的作用：可以完成对 Windows 的外观设置、相关软件安装、系统功能的启用、软件和硬件设置、用户管理等功能，它是用户进行系统设置的主要接口。

8．添加硬件要分两步。第一步要打开机箱，把物理上的硬件插入或连接到计算机上；第二步是安装软件，即安装驱动程序。在控制面板中选择添加硬件，计算机开始搜索新安装的硬件，根据提示安装驱动程序，即可完成安装。

9．在控制面板中，单击"用户账户"工具项，在"用户账户"窗口中单击"创建一个新账户"命令，即可进入相关的向导创建一个新账户。

10．使用其他用户开放的资源的操作步骤如下。

（1）双击桌面上的"网络"图标，打开"网络"对话框，单击此对话框右侧的"网络"，右侧的窗口中将显示所在网络上的计算机。

（2）在右侧的窗口中双击要访问的计算机名，即可访问对方已开放的资源。在此步骤中，有可能需要进行身份验证。

如果没有找到要访问的计算机，则可用"搜索"的方法来查找计算机。

第3章　常用办公软件 Word 2013 习题参考答案

一、选择题

1. B　　2. D　　3. C　　4. B　　5. B　　6. C　　7. C　　8. D　　9. C　10. C

二、简答题

1. Word 2013 窗口主要包括：标题栏、快速访问工具栏、"文件"按钮、功能区、标尺栏、文档编辑区和状态栏。其中标题栏主要显示正在编辑的文档名称及编辑软件名称信息，在其右侧有 5 个窗口控制按钮，最左边的一个按钮可以打开"Word 帮助"窗口，右边的 4 个分别是功能区显示选项、最小化、最大化（还原）和关闭窗口操作按钮。快速访问工具栏主要显示用户日常工作中频繁使用的命令，其默认显示："保存""撤销"和"重复"命令按钮项。"文件"按钮包含"文件"面板，其中有"信息""新建""打开""关闭""保存""打印"等常用命令。功能区由选项卡、组和命令 3 个基本组件组成。选项卡位于功能区的顶部，包括"开始""插入""页面布局""引用""邮件"等。单击某一选项卡，则可在功能区中看到若干个组，相关项显示在一个组中。命令则是指组中的按钮、用于输入信息的框等。标尺栏具有水平标尺和垂直标尺，用于对齐文档中的文本、图形、表格等，也可用来设置所选段落的缩进方式和距离。文档编辑区是用户使用 Word 2013 进行文档编辑排版的主要工作区域。状态栏用来显示当前文档的信息以及编辑信息等。在状态栏的左侧显示文档共几页、当前是第几页、字数等信息；右侧显示"阅读视图""页面视图""Web 版式视图"3 种视图模式切换按钮，并有显示当前文档显示比例的"缩放级别"按钮以及缩放当前文档的缩放滑块。

2. 使用格式刷可以快速地将某文本或段落的格式设置应用到其他文本或段落上，步骤如下。

（1）选中要复制样式的文本或段落。

（2）单击功能区的"开始"选项卡中"剪贴板"组中的"格式刷"按钮，之后将鼠标移动到文本编辑区，会看到鼠标旁出现一个小刷子的图标。

（3）用格式刷扫过（即按下鼠标左键拖动）需要应用格式的文本即可，如果要复制段落格式，则单击需要应用格式的段落即可。

单击"格式刷"按钮，使用一次后格式刷功能就自动关闭了。如果需要将某文本的格式连续应用多次，则可以双击"格式刷"按钮，之后直接用格式刷扫过不同的文本就可以了。要结束使用格式刷功能，再次单击"格式刷"按钮或按 Esc 键均可。

第4章　电子表格 Excel 2013 习题参考答案

一、选择题

1. C　　2. B　　3. C　　4. B　　5. A　　6. B　　7. D　　8. B　　9. D　10. C

二、操作题

答案略。

第 5 章 演示文稿 PowerPoint 2013
习题参考答案

一、选择题

1. A   2. A   3. D   4. C   5. A   6. B   7. C

二、简答题

1. 演示文稿的制作，一般要经历下面几个步骤。

（1）准备素材：主要是准备演示文稿中所需要的一些图片、声音、动画等文件。

（2）确定方案：对演示文稿的整个构架做一个设计。

（3）初步制作：将文本、图片等对象输入或插入相应的幻灯片中。

（4）装饰处理：设置幻灯片中的相关对象的要素（包括字体、大小、动画等），对幻灯片进行装饰处理。

（5）预演播放：设置播放过程中的一些要素，然后播放查看效果，满意后正式输出播放。

2. 在幻灯片中添加文字的方法有很多，最简单的方式就是直接将文本输入幻灯片的占位符和文本框中。

（1）在占位符中输入文本

占位符就是一种带有虚线或阴影线的边框。在这些边框内可以放置标题、正文、图表、表格、图片等对象。

当创建一个空演示文稿时，系统会自动插入一张"标题幻灯片"。在该幻灯片中，共有两个虚线框，这两个虚线框就是占位符，占位符中显示"单击此处添加标题"和"单击此处添加副标题"的字样。将光标移至占位符中，单击即可输入文字。

（2）使用文本框输入文本

如果要在占位符之外的其他位置输入文本，可以在幻灯片中插入文本框。

单击"插入"选项卡，选择其中的"文本框"命令，在幻灯片的适当位置拖出文本框的位置，此时就可在文本框的插入点处输入文本了。在选择文本框时默认的是"横排文本框"，如果此时需要的是"竖排文本框"，可以单击"文本框"命令的下拉按钮，然后进行选择。

将鼠标指针指向文本框的边框，按住左键拖曳可以移动文本框到任意位置。

另外，涉及文本的操作还包括自选图形和艺术字中的文本。

在 PowerPoint 中涉及对文字的复制、粘贴、删除、移动的操作和对文字字体、字号、颜色等的设置以及对段落的格式设置等操作，这些均与 Word 中的相关操作类似。

三、上机题

答案略。

第 6 章　多媒体技术及应用习题参考答案

一、选择题

1. C　　2. B　　3. B　　4. D　　5. B　　6. D　　7. C　　8. D　　9. B　　10. A

二、简答题

1. （1）多媒体是融合两种或两种以上感觉媒体的人机交互信息或传播的媒体，是多种媒体信息的综合。它可以包括各种信息元素，主要有文本、图形、图像、音频、视频、动画等。

（2）多媒体技术是以计算机为主体，结合通信、微电子、激光、广播电视等多种技术而形成的，用来综合处理多种媒体信息的交互性信息处理技术。

2. 多媒体系统由硬件和软件两部分组成，其核心是一台计算机，外围部件主要是视听等多种媒体设备。简单来说，多媒体系统的硬件是计算机主机及可以接收和播放多媒体信息的各种输入/输出设备，其软件是音频/视频处理核心程序、多媒体操作系统及多媒体驱动软件和各种应用软件。

3. 将模拟信号（如语音、音乐等）转换成数字信号的过程称为模拟音频的数字化。模拟音频数字化过程主要涉及音频的采样、量化和编码。

采样是每隔一定时间间隔对模拟波形上取一个幅度值，把时间上的连续信号变成时间上的离散信号。量化是将每个采样点得到的表示声音强弱的模拟电压的幅度值以数字形式存储。编码是将采样和量化后的数字数据以一定的格式记录下来。

4. JPG 和 BMP 都是位图格式的图像文件，但是 BMP 文件中的图像保持着原始信息，而 JPG 文件的图像信息已经经过了一定的有损压缩（使用 JPEG 压缩算法），去除了一定的冗余信息，使数据量大大减小。一般来说，JPG 格式文件的数据量只有 BMP 文件数据量的 1/4 左右，而且对图像质量影响不大，完全能够满足普通的多媒体应用需要。

5. 图形是通过一组指令集来描述的。这些指令描述了一幅图的所有直线、圆、圆弧、矩形、曲线等图元的位置、维数、大小和形状。由于图形只保存算法和特征点，因此占用的存储空间很小。矢量图形主要用于工程图、白描图、卡通漫画、图例和三维建模等。

图像的基本元素是像素，是用摄像机或扫描仪等输入设备捕捉实际场景画面产生的数字图像。图像的显示过程是按照位图图像中所安排的像素顺序进行的，与图像内容无关。所需存储空间比矢量图形大，放大数倍容易失真。

6. MP3 是 MPEG Audio Layer 3 音乐格式的缩写，属于 MPEG-1 标准的一部分。利用该技术可以将声音文件以 1:12 的压缩率压缩成更小的文档，同时还保持高品质的效果。例如，一首容量为 30MB 的 CD 音乐，压缩成 MP3 格式后仅为 2MB 多。由于 MP3 音乐具有文件容量较小而音质佳的优点，因而近几年来得以在因特网上广为流传。

7. 数字化后的音频和视频等多媒体信息具有数据海量特性，与当前硬件技术所能提供的计算机存储资源和网络带宽之间有很大差距（虽然现在的存储器的容量越来越大），解决这一问题的关键技术就是数据压缩技术。压缩的方法主要有无损压缩和有损压缩。

无损压缩利用数据的统计冗余进行压缩，可完全恢复原始数据而不引入任何失真，但压缩率受到数据统计冗余度的理论限制，一般为 2:1 ~ 5:1。这类方法被广泛用于文本数据、程序和特殊应用场合的图像数据（如指纹图像、医学图像等）的压缩。无损压缩方法主要有 Shannon-Fano 编码、Huffman 编码、游程（Run-length）编码和算术编码等。

有损压缩方法利用了人类视觉对图像或声波中的某些频率成分不敏感的特性，允许压缩过程中损失一定的信息。有损压缩被广泛应用于语音、图像和视频数据的压缩。常用的有损压缩方法有：PCM（脉冲编码调制）、预测编码、变换编码、统计编码、矢量量化和子带编码等。

第7章　数据库基础习题参考答案

1．（1）数据库：存储在计算机内，有组织、可共享的数据集合。它将数据按一定的数据模型组织、描述和储存，具有较小的冗余度，较高的数据独立性和易扩展性，可被多个不同的用户共享。

（2）数据库管理系统：专门用于管理数据库的计算机系统软件。数据库管理系统能够为数据库提供数据的定义、建立、维护、查询、统计等操作功能，并具有对数据的完整性、安全性进行控制的功能。

（3）数据库系统：指带有数据库并利用数据库技术进行数据管理的计算机系统。

2．（1）关系模型中关系：关系模型的基本组成单位，表示实体及其相互联系。

（2）元组：在二维数据表中，从第二行起的每一行称为一个元组，在文件中对应一条具体记录。

（3）属性：在二维数据表中的每一列称为一个属性，在文件中对应一个"字段"。

（4）码：关系模型中的"主键"或"关键字"，可以唯一标识一条记录。

3．组织数据、创建查询、生成窗体、打印报表、共享数据、支持超级链接、创建应用系统。

4．A

5．A

6．C

7．B

8．A

9．C

10．D

11．B

12．C

第8章　计算机网络与 Internet 应用基础习题参考答案

1．（1）主机：通常把 CPU、内存和输入/输出接口以及在一起构成的子系统称为主机。主机中包含了除输入输出设备以外的所有电路部件，是一个能够独立工作的系统。这里主机是指放在能够提供服务器托管业务单位的机房的服务器，通过它实现与 Internet 连接，从而省去用户自行申请专线连接到 Internet 的麻烦。数网公司是一个提供服务器托管业务的单位，拥有 China Net 的接入中心，所以被托管的服务器可以通过 100MB 的网络接口连接 Internet。

（2）TCP/IP：包含了一系列构成 Internet 通信基础的通信协议。这些协议最早发源于美国国防部的 DARPA 互联网项目。TCP/IP 代表了两个协议:TCP（Transmission Control Protocol）和 IP（Internet Protocol），中译名为传输控制协议/因特网互联协议，又名网络通信协议，是 Internet 最基本的协议、Internet 国际互联网络的基础，由网络层的 IP 协议和传输层的 TCP 协议组成。TCP/IP 定义了电子设备如何连入因特网，以及数据如何在它们之间传输的标准。协议采用了 4 层的层级结构，每一层都呼叫它的下一层所提供的网络来完成自己的需求。通俗而言：TCP 负责发现传输的问题，一旦有问题就发出信号，要求重新传输，直到所有数据安全正确地传输到目的地。而 IP 是给因特网的每一台电脑规定的一个地址。

（3）IP 地址：尽管 Internet 上连接了无数的服务器和计算机，但它们并不是处在杂乱无章的无序状态，而是每一个主机都有唯一的地址，作为该主机在 Internet 上的唯一标识，这个标识就称为 IP 地址（Internet Protocol address）。它是分配给主机的 32 位地址，是一串 4 组由圆点分割的数字组成的，其中每一个数字都在 0～255，如 202.196.14.222 就是一个 IP 地址，它标识了在网络上的一个节点，并且指定了在一个互联网络上的路由信息。Internet 上的每台主机（host）都有一个唯一的 IP 地址。

（4）域名：IP 地址是 Internet 上互联的若干主机进行内部通信时，区分和识别不同主机的数字型标志，这种数字型标志对于上网的广大用户而言却有很大的缺点，它既无简明的含义，又不容易被用户很快记住。因此，为解决这个问题，人们又规定了一种字符型标志，称为域名。如同每个人的姓名和每个单位的名称一样，域名是 Internet 上互联的若干主机（或称网站）的名称。广大网络用户能够很方便地用域名访问 Internet 上自己感兴趣的网站。

从技术上讲，域名只是一个 Internet 中用于解决地址对应问题的一种方法，可以说只是一个技术名词。但是，由于 Internet 已经成为了全世界人的 Internet，域名也自然地成为了一个社会科学名词。

从社会科学的角度看，域名已成为了 Internet 文化的组成部分。

（5）统一资源定位符（Uniform Resource Locator，URL）也被称为网页地址，是因特网上标准的资源的地址。它最初是由蒂姆·伯纳斯－李发明用来作为万维网的地址的，现在它已经被万维网联盟编制为因特网标准 RFC1738 了。

统一资源定位符是用于完整地描述 Internet 上网页和其他资源的地址的一种标识方法。Internet 上的每一个网页都具有一个唯一的名称标识，通常称之为 URL 地址，这种地址可以是本地磁盘，也可以是局域网上的某一台计算机，更多的是 Internet 上的站点。简单来说，URL 就是 Web 地址，俗称"网址"。

（6）网关：顾名思义，就是一个网络连接到另一个网络的"关口"，又称网间连接器、协议转换器，实质上是一个网络通向其他网络的 IP 地址。网关在传输层上以实现网络互连，是最复杂的网络互连设备，仅用于两个高层协议不同的网络互连。网关既可以用于广域网互连，也可以用于局域网互连。网关是一种充当转换重任的计算机系统或设备。在使用不同的通信协议、数据格式或语言，甚至体系结构完全不同的两种系统之间，网关是一个翻译器。与网桥只是简单地传达信息不同，网关对收到的信息要重新打包，以适应目的系统的需求。同时，网关也可以提供过滤和安全功能。大多数网关运行在 OSI 7 层协议的顶层——应用层。

2.（1）Internet 发展史：因特网是 Internet 的中文译名，它的前身是美国国防部高级研究计划局（ARPA）主持研制的 ARPAnet。

20 世纪 60 年代末，正处于冷战时期。当时美国军方为了使自己的计算机网络在受到袭击时，即使部分网络被摧毁，其余部分仍能保持通信联系，便由美国国防部的高级研究计划局（ARPA）建设了一个军用网，叫做"阿帕网"（ARPAnet）。阿帕网于 1969 年正式启用，当时仅连接了 4 台计算机，供科学家们进行计算机联网实验用。这就是因特网的前身。

到 20 世纪 70 年代，ARPAnet 已经有了好几十个计算机网络，但是每个网络只能在网络内部的计算机之间互联通信，不同计算机网络之间仍然不能互通。为此，ARPA 又设立了新的研究项目，支持学术界和工业界进行有关的研究。研究的主要内容就是想用一种新的方法将不同的计算机局域网互联，形成"互联网"。研究人员称之为"internetwork"，简称"Internet"。这个名词就一直沿用到现在。

在研究实现互联的过程中，计算机软件起了主要的作用。1974 年，出现了连接分组网络的协议，其中就包括了 TCP/IP——著名的网际互联协议 IP 和传输控制协议 TCP。这两个协议相互配合，其中，IP 是基本的通信协议，TCP 是帮助 IP 实现可靠传输的协议。

ARPA 在 1982 年接受了 TCP/IP，选定 Internet 为主要的计算机通信系统，并把其他的军用计算机网络都转换到 TCP/IP。1983 年，ARPAnet 分成两部分：一部分军用，称为 MILNET；另一部分仍称 ARPAnet，供民用。

1986 年，美国国家科学基金组织（NSF）将分布在美国各地的 5 个为科研教育服务的超级计算机中心互联，并支持地区网络，形成 NSFnet。1988 年，NSFnet 替代 ARPAnet 成为 Internet 的主干网。NSFnet 主干网利用了在 ARPAnet 中已证明是非常成功的 TCP/IP 技术，准许各大学、政府或私人科研机构的网络加入。1989 年，ARPAnet 解散，Internet 从军用转向民用。

Internet 的发展引起了商家的极大兴趣。1992 年，美国 IBM、MCI、MERIT 三家公司联合组建了一个高级网络服务公司（ANS），建立了一个新的网络，叫做 ANSnet，成为 Internet 的另一个主干网。它与 NSFnet 不同，NSFnet 是由国家出资建立的，而 ANSnet 则是 ANS 公司所有，从而使 Internet 开始走向商业化。

1995 年 4 月 30 日，NSFnet 正式宣布停止运作。而此时 Internet 的骨干网已经覆盖了全球 91 个国家，主机已超过 400 万台。在最近几年，因特网更以惊人的速度向前发展，很快就达到了今天的规模。

（2）Internet 提供的服务：①万维网速（WWW）；②信息搜索；③电子邮件；④文件传输协议（FTP）；⑤远程登录（Telnet）；⑥电子公告牌系统（BBS）。

（3）接入 Internet 的方式：①普通拨号方式；②一线通（ISDN）；③ADSL；④DSL；⑤VDSL；⑥光纤接入网；⑦FTTX+LAN 接入方式；⑧ISDN。

3. Internet 与物联网、云计算、三网融合之间的关系：随着信息技术的发展，现在的一些旧技术已经跟不上这个时代的发展。庞大的用户数字充斥着网络，给 ISP 的运营带来了商机，但是也带来了问题。如何让用户能高速的连接分享资源，成为了各级服务商和设备提供商的一个必须解决的课题。3G、Wi-Fi 等技术的相继出现，一定程度上缓解了客户和服务商的供求关系。但是还不能真正满足用户。所以又出现了云计算、物联网等新一代技术。物联网是通过各种信息传感设备传递信息的。它的核心依然是互联网，是在互联网上的拓展和延伸，但是它的用户端则依靠物与物进行信息传递，所以可以定义为通过射频识别（RFID）、红外感应器、全球定位系统、激光扫描器等信息传递设备按约定协议，把任何物体与互联网相联，进行信息交换和通信，以实现物体的智能化识别、定位、跟踪、监控、管理的一种网络。云计算是基于因特网的一种超级计算模式，在远程的数据中心里，成千上万的计算机和服务器连成一片电脑云。因此，云计算有时可以让你感受高速运算的速度，拥有强大的计算能力可以模拟一些实验，使普通计算机达到大型机的要求。三网融合最早叫做三网合一，是指电信网、互联网和广播电视网之间的相互融合发展实现三网互联互通，共享资源，在同一个网络上实现语言、数据、图像的传输，实现用户能在一个网络上打电话、看电视、上网等功能；实现单一业务向多媒体综合业务方向发展以减少基础设施的投入，简化管理降低维护费用；实现用户的投资减少，收益最大化，以增强国家的综合国力。这些新技术可以最大化地服务于民，用之于民。它们的诞生加速了信息产业的发展，促进了社会的进步，让 Internet 的"世界"变得更加完美。以 Internet 为基础，物联网、云计算、三网融合等技术的彼此补充是当今信息世界的发展趋势，以实现真正的数字化世界。

4. WWW 是环球信息网（World Wide Web）的缩写，也可以简称为 Web，中文名字为"万维网"。万维网是一个资料空间。在这个空间中，一种有用的事物，称为一种"资源"；并且由一个全域"统一资源标识符"标识。这些资源通过超文本传输协议（Hypertext Transfer Protocol）传送给使用者，而后者通过单击链接来获得资源。

FTP（File Transfer Protocol）是用于 Internet 上的控制文件的双向传输的协议。同时，它也是一个应用程序。用户可以通过它把自己的 PC 与世界各地所有运行 FTP 协议的服务器相联，访问服务器上的大量程序和信息。FTP 是在 TCP/IP 网络和 INTERNET 上最早使用的协议之一，它属于网络协议组的应用层。为了更好地运用网络资源，FTP 客户机可以给服务器发出命令来下载文件、上载文件，创建或改变服务器上的目录，让用户与用户之间实现资源共享。

5. IP 地址就是给每个连接在 Internet 上的主机分配一个在全世界范围唯一的 32bit 地址。IP 地址的结构使我们可以在 Internet 上很方便地寻址。Internet 依靠 TCP/IP，在全球范围内实现不同硬件结构、不同操作系统、不同网络系统的互联。在 Internet 上，每一个节点都依靠唯一的 IP 地址互相区分和相互联系。IP 地址通常用更直观的、以圆点分隔号的 4 个十进制数字表示，每一个数字对应于 8 个二进制的比特串，用于标识 TCP/IP 宿主机。每个 IP 地址都包含两部分：网络 ID 和主机 ID。网络 ID 标识在同一个物理网络上的所有宿主机，主机 ID 标识该物理网络上的每一个宿主机，于是整个 Internet 上的每个计算机都依靠各自唯一的 IP 地址来标识。如某一台主机的 IP 地址为 202.196.13.241。

Internet IP 地址由 Inter NIC（Internet 网络信息中心）统一负责全球地址的规划、管理；同时由 Inter NIC、APNIC、RIPE 三大网络信息中心具体负责美国及其他地区的 IP 地址分配。通常每个国家需成立一个组织，统一向有关国际组织申请 IP 地址，然后再分配给客户。

域名在因特网上用来代替 IP 地址，因为 IP 地址没有实际含义，人们不容易记住，所以用有含义的英文字母来代替。在网络上，专门有 DNS（域名服务器）来进行域名与 IP 的相互转换，人们输入域名，在 DNS 上转换为 IP，才能找到相应的服务器，打开相应的网页。

6.（1）www.microsoft.com：顶级域名 com 指的是商业公司，Microsoft 指的是微软公司，这个 URL 指向微软公司的网站。

（2）www.zz.ha.cn：顶级域名 cn 指的是中国，子域名 ha 指的是河南省，zz 指的是郑州市，这个 URL 指向河南省郑州市的网站商都网。

（3）www.zzuli.edu.cn：顶级域名 cn 指的是中国，子域名 edu 指的是教育机构，zzuli 指的是郑州轻工业学院，这个 URL 指向郑州轻工业学院的网站。

7. Web 服务使用的是 HTTP 协议。

Web 服务是简单对象访问协议（Simple Object Access Protocol，SOAP）的一个主要应用，通

过建立 Web 服务，远程用户就可以通过 HTTP 访问远程的服务。

Web 浏览器是用于通过 URL 来获取并显示 Web 网页的一种软件工具，Web 表现为 3 种形式，即超文本（hypertext）、超媒体（hypermedia）、超文本传输协议（HTTP），主要是用来浏览 HTML 写的网站的。WWW 的工作基于客户机/服务器计算模型，由 Web 浏览器（客户机）和 Web 服务器（服务器）构成，两者之间采用超文本传送协议（HTTP）进行通信。在 Windows 环境中较为流行的 Web 浏览器为 Netscape Navigator 和 Internet Explorer。

8. 计算机网络是指将有独立功能的多台计算机，通过通信设备线路连接起来，在网络软件的支持下，实现彼此之间资源共享和数据通信的整个系统。根据其覆盖范围可分为局域网、城域网和广域网。计算机网络的基本功能是数据通信和资源共享。资源共享包括硬件、软件和数据资源的共享。

涉及的技术有软件、硬件、安全、远程、运营、语音、网站和网络编程等。

3 个基本功能：

（1）信息交换，它是计算机网络最基本的功能，主要完成计算机网络中各个节点之间的系统通信。用户可以在网上传送电子邮件、发布新闻消息、进行电子购物、电子贸易、远程电子教育等。

（2）资源共享，所谓的资源是指构成系统的所有要素，包括软、硬件资源，如计算处理能力、大容量磁盘、高速打印机、绘图仪、通信线路、数据库、文件和其他计算机上的有关信息。由于受经济和其他因素的制约，这些资源并非（也不可能）所有用户都能独立拥有，所以网络上的计算机不仅可以使用自身的资源，也可以共享网络上的资源。因而增强了网络上计算机的处理能力，提高了计算机软硬件的利用率。

（3）分布式处理：一项复杂的任务可以划分成许多部分，由网络内各计算机分别协作并行完成有关部分，使整个系统的性能大为增强。

9. 按地理范围分类。

（1）局域网 LAN（Local Area Network），局域网地理范围一般几百米到 10km 之内，属于小范围内的联网。如一个建筑物内、一个学校内、一个工厂的厂区内等。局域网的组建简单、灵活，使用方便。

（2）城域网 MAN（Metropolitan Area Network），城域网地理范围可从几十公里到上百公里，可覆盖一个城市或地区，是一种中等形式的网络。

（3）广域网 WAN（Wide Area Network），广域网地理范围一般在几千公里左右，属于大范围联网。如几个城市，一个或几个国家，是网络系统中的最大型的网络，能实现大范围的资源共享，如国际性的 Internet 网络。

10. 常见的 Internet 接入方式主要有 4 种：拨号接入方式、专线接入方式、无线接入方式和局域网接入方式。

（1）拨号接入方式：普通 Modem 拨号方式、ISDN 拨号方式、ADSL 虚拟拨号接入方式。

（2）专线接入方式：Cable Modem 接入方式、DDN 专线接入方式、光纤接入方式。

（3）无线接入方式：GPRS 接入技术、蓝牙技术（在手机上的应用比较广泛）。

（4）局域网接入方式：代理服务器。

一般的因特网连接方式有：调制解调器（模拟线路）接入、ISDN（综合业务数字网）、线缆调制解调器（Cable Modem）、ADSL 以及 Direct PC、ADSL PPPoE、LAN to LAN 等方式。

11. 网络拓扑结构是指用传输媒体互联各种设备的物理布局，就是用什么方式把网络中的计算机等设备连接起来。

拓扑图给出网络服务器、工作站的网络配置和相互间的连接，它的结构主要有星型拓扑结构、环型拓扑结构、总线拓扑结构、分布式拓扑结构、树型拓扑结构、网状拓扑结构、蜂窝状拓扑结构等。

12. 网络适配器又称网卡或网络接口卡（NIC），英文名 Network Interface Card。网络适配器的内核是链路层控制器，该控制器通常是实现了许多链路层服务的单个特定目的的芯片，这些服务包括成帧、链路接入、流量控制、差错检测等。网络适配器是使计算机联网的设备，平常所说的网卡就是将 PC 和 LAN 连接的网络适配器。网卡（NIC）插在计算机主板插槽中，负责将用户要传递的数据转换为网络上其他设备能够识别的格式，通过网络介质传输。它的基本功能：从并行到串行的数据转换，包的装配和拆装，网络存取控制，数据缓存和网络信号。

网络适配器的主要作用：（1）它是主机与介质的桥梁设备。（2）实现主机与介质之间的电信号匹配。（3）提供数据缓冲能力。（4）控制数据传送的功能：网卡一方面负责接收网络上传过来的数据包，解包后，将数据通过总线传输给本地计算机；另一方面它将本地计算机上的数据打包后送入网络。

网卡工作在 OSI 的最后两层：物理层和数据链路层。物理层定义了数据传送与接收所需要的电与光信号、线路状态、时钟基准、数据编码和电路等，并向数据链路层设备提供标准接口。物理层的芯片称为 PHY。数据链路层则提供寻址机构、数据帧的构建、数据差错检查、传送控制、向网络层提供标准的数据接口等功能。以太网卡中数据链路层的芯片称为 MAC 控制器。很多网卡的这两个部分是做到一起的。它们之间的关系是 PCI 总线接 MAC 总线，MAC 接 PHY，PHY 接网线（当然也不是直接接上的，还有一个变压装置）。

13. 在检索之前先考虑清楚自己要找的是什么，并且把它用纸、笔记下来，最好以一些问题的形式，它能明确自己信息需求的界限，不至于在后面的检索中迷失目标。

根据自己对检索主题的已知部分和需要检索部分的了解，可以从几种不同类型的网络检索工具开始。检索是以找到某个问题的精确答案为目标，还是希望通过检索扩展自己在某个领域的知识？检索的是一个非常特殊的主题，还是检索时会返回大量无关信息的宽泛主题？检索词是否存在同义、近义词？思考这些问题将有助于准确定位自己的检索起点。

对一些常见的信息需求和适合这些需求的检索工具进行总结如下。

（1）希望快速找到少量的精确匹配关键词的结果，类似于做填空题的信息需求。如已知歌词查歌名，查霍金的著作列表等。适合的工具：Google、All The Web、百度。

（2）感兴趣的是比较宽泛的学术性主题，希望从一些该领域的权威站点获得参考。适合的工具：Librarians' Index to Internet（http://lii.org/），被称为"思考者的 Yahoo"，比 Yahoo 的资源目录更适合学术性的检索，每周更新；Inromine（http://infomine.ucr.edu/Main.html），由图书馆员精选的网络资源目录，有非常全面的检索功能。

（3）大众化的或者商业性的主题适合的工具：Yahoo 在这方面无疑是最好的，只要是 Internet 上有一定知名度的主题，它都有收录。

（4）易混淆的主题词（如检索总统 Bush，但有灌木 Bush 的干扰）或搜索引擎的停用词（如痞子蔡的新作"to be or not to be"，里面全是搜索引擎停用词）。适合的工具：前者可用 Alta Vista 的高级检索功能（http://www.altavista.com/web/adv），全大写字母的单词专指人名；后者或用 Google 的词组检索（使用双引号）。

（5）不知道某个字（词）的读音、拼写或翻译，适合的工具：找本词典就可以了。网上也有 online 的词典，如词霸在线（http://www.iciba.net）、yourdictionary（http://www.yourdictionary.com/）

等。如果有两种写法不知道哪一个正确的话，也可以分别用它们在 Google 上检索，结果明显较多的那一个就是正确的。

（6）不知道检索从何入手，希望有个检索模板。适合的工具：AllTheWeb 和 AltaVista 的高级检索页面都提供了这样的模板，依样"画葫芦"即可。

（7）希望得到的检索结果不是简单的超链接的罗列，而是经过组织加工的，浏览起来更方便也更容易接受的信息。适合的工具：Vivisimo（http://vivisimo.com/），将检索结果自动聚类，并以类似 Windows 文件夹的方式按等级逐层排列；Altavista，支持 Focus Words 技术，每次检索之后会从结果中自动提取出几个最常见的关键词供用户参考，这样可以挑选这些关键词中的一个或几个，再在结果中二次检索，以缩小检索范围；Surf Wax（http://www.surfwax.com），采用 SiteSnap 技术，能猜测实际信息需求，将"最有希望"的检索结果单独提取出来。

（8）并没有非常明确的检索要求，希望在检索中扩展自己的思路，或者说想得到一些意外收获。适合的工具：Kartoo（http://www.kartoo.com），可视化检索的先驱，很有趣的元搜索引擎，将检索结果用地图的方式展现，能够直观地发现主题之间的联系；Web Brain（http://www.webbrain.com/html/default_win.html），另一个优秀的可视化的检索工具，使用 TheBrain 技术，类似于大不列颠百科全书电子版中的 Knowledge Navigation，以动画的形式展示知识体系的分类层次。

第 9 章　信息安全与职业道德习题参考答案

1. 信息安全是指保护信息和信息系统不被未经授权的访问、使用、泄露、中断、修改和破坏，为信息和信息系统提供保密性、完整性、可用性、可控性和不可否认性。

信息安全本身包括的范围很大。大到国家军事政治等机密安全，小到如防范商业企业机密泄露、防范青少年对不良信息的浏览、个人信息的泄露等。网络环境下的信息安全体系是保证信息安全的关键，包括计算机安全操作系统、各种安全协议、安全机制（数字签名、信息认证、数据加密等），直至安全系统，其中任何一个安全漏洞便可以威胁全局安全。信息安全服务至少应该包括支持信息网络安全服务的基本理论，以及基于新一代信息网络体系结构的网络安全服务体系结构。

2. 信息安全的基本属性主要表现在 5 个方面：可用性（availability）、可靠性（controllability）、完整性（integrity）、保密性（confidentiality）、不可否认性（non-repudiation）。

可用性：保证信息及信息系统确实为授权使用者所用，防止由于计算机病毒或其他人为因素造成的系统拒绝服务或为敌手所用。

可靠性：对信息及信息系统实施安全监督管理。

完整性：防止信息被未经授权的人（实体）窜改，保证真实的信息从真实的信源无失真地到达真实的信宿。

保密性：保证信息不泄露给未经授权的人。

不可否认性：保证信息行为人不能否认自己的行为。

信息安全还有更多的一些属性也用于描述信息安全的不同的特性，如合法性、实用性、占有性、唯一性、生存性、稳定性、特殊性等。

3. ISO7498-2 标准确定了 5 大类安全服务：鉴别服务、访问控制服务、数据加密服务、数据完整性和禁止否认服务。

ISO7498-2 标准确定了 8 大类安全机制：加密机制、数字签名机制、数据完整性机制、鉴别交换机制、业务填充机制、认证机制、路由控制机制和公证机制。

4. 信息安全技术是一门综合的学科，它涉及信息论、计算机科学和密码学等多方面知识，它的主要任务是研究计算机系统和通信网络内信息的保护方法，以实现系统内信息的安全、保密、真实和完整。其中，信息安全的核心是密码技术。

随着计算机网络不断渗透到各个领域，密码学的应用也随之扩大。数字签名、身份鉴别等都是由密码学派生出来的新技术和应用。

5. 密码体制从原理上可分为单钥密码体制和双钥密码体制两大类。

单钥密码算法，又称对称密码算法，是指加密密钥和解密密钥为同一密钥的密码算法。因此，信息的发送者和信息的接收者在进行信息的传输与处理时，必须共同持有该密码（称为对称密码）。在对称密钥密码算法中，加密运算与解密运算使用同样的密钥。通常，使用的加密算法比较简便高效，密钥简短，破译极其困难。由于系统的保密性主要取决于密钥的安全性，所以，在公开的计算机网络上安全地传送和保管密钥是一个严峻的问题。最典型的是 DES（Data Encryption Standard）算法。

双钥密码算法，又称公钥密码算法，是指加密密钥和解密密钥作为两个不同密钥的密码算法。公钥密码算法不同于单钥密码算法，它使用了一对密钥：一个用于加密信息，另一个则用于解密信息，通信双方无需事先交换密钥就可进行保密通信。其中，加密密钥不同于解密密钥，加密密钥公之于众，谁都可以用；解密密钥只有解密人自己知道。这两个密钥之间存在着相互依存关系：即用其中任一个密钥加密的信息只能用另一个密钥进行解密。若以公钥作为加密密钥，以用户专用密钥（私钥）作为解密密钥，则可实现多个用户加密的信息只能由一个用户解读；反之，以用户私钥作为加密密钥而以公钥作为解密密钥，则可实现由一个用户加密的信息而多个用户解读。前者可用于数字加密，后者可用于数字签名。

6. 实现数字签名有很多方法，目前数字签名采用较多的是公钥加密技术。

（1）用非对称加密算法进行数字签名 RSA。RSA 同时有两把钥匙——公钥与私钥，分别用于对数据的加密和解密，即如果用公开密钥对数据进行加密，只有对应的私有密钥才能进行解密；如果用私有密钥对数据进行加密，则只有对应的公钥才能解密。同时支持数字签名。数字签名的意义在于，对传输过来的数据进行校验，确保数据在传输工程中不被修改。

（2）用对称加密算法进行数字签名。对称加密算法是应用较早的加密算法，技术成熟。在对称加密算法中，数据发信方将明文（原始数据）和加密密钥一起经过特殊加密算法处理后，使其变成复杂的加密密文发送出去。收信方收到密文后，若想解读原文，则需要使用加密用过的密钥及相同算法的逆算法对密文进行解密，才能使其恢复成可读明文。在对称加密算法中，使用的密钥只有一个，发收信双方都使用这个密钥对数据进行加密和解密，这就要求解密方必须事先知道加密密钥。

7. 访问控制是网络安全防范和保护的主要策略，它的主要任务是保证网络资源不被非法使用和访问。它是保证网络安全最重要的核心策略之一。访问控制涉及的技术也比较广，包括入网访问控制、网络权限控制、目录级安全控制以及属性安全控制等多种手段。

（1）入网访问控制。入网访问控制为网络访问提供了第一层访问控制。它控制哪些用户能够登录到服务器并获取网络资源，控制准许用户入网的时间和准许他们在哪台工作站入网。

（2）网络权限控制。网络的权限控制是针对网络非法操作所提出的一种安全保护措施。用户和用户组被赋予一定的权限。网络控制用户和用户组可以访问哪些目录、子目录、文件和其他资源。可以指定用户对这些文件、目录、设备能够执行哪些操作。

（3）目录级安全控制。网络应允许控制用户对目录、文件、设备的访问。用户在目录一级指定的权限对所有文件和子目录有效，用户还可进一步指定对目录下的子目录和文件的权限。对目录和文件的访问权限一般有 8 种：系统管理员权限、读权限、写权限、创建权限、删除权限、修改权限、文件查找权限、访问控制权限。

（4）属性安全控制。当用文件、目录和网络设备时，网络系统管理员应给文件、目录等指定访问属性。属性安全在权限安全的基础上提供更进一步的安全性。网络上的资源都应预先标出一组安全属性。

（5）服务器安全控制。网络允许在服务器控制台上执行一系列操作。用户使用控制台可以进行装载和卸载模块，可以安装和删除软件等操作。网络服务器的安全控制包括可以设置口令锁定服务器控制台，以防止非法用户修改、删除重要信息或破坏数据；可以设定服务器登录时间限制、非法访问者检测和关闭的时间间隔。

8. 防火墙技术虽然出现了很多，但总体来说可分为以下两种。

（1）分组过滤型防火墙

分组过滤或包过滤，是一种通用、廉价、有效的安全手段。包过滤在网络层和传输层起作用。它根据分组包的源、宿地址，端口号及协议类型、标志确定是否允许分组包通过。所根据的信息来源于 IP、TCP 或 UDP 包头。只有满足过滤条件的数据包才被转发到相应的目的地，其余数据包则从数据流中丢弃。包过滤的优点是不用改动客户机和主机上的应用程序，因为它工作在网络层和传输层，与应用层无关。但其弱点也是明显的：据以过滤判别的只有网络层和传输层的有限信息，因而各种安全要求不可能充分满足；在许多过滤器中，过滤规则的数目是有限制的，且随着规则数目的增加，性能会受到很大的影响；由于缺少上下文关联信息，不能有效地过滤如 UDP、RPC 一类的协议；另外，大多数过滤器中缺少审计和报警机制，且管理方式和用户界面较差；对安全管理人员素质要求高，建立安全规则时，必须深入理解协议本身及其在不同应用程序中的作用。因此，过滤器通常是和应用网关配合使用，共同组成防火墙系统。

（2）应用代理型防火墙

应用代理型防火墙是内部网与外部网的隔离点，起着监视和隔绝应用层通信流的作用。它工作在 OSI 模型的最高层，即应用层。其特点是完全"阻隔"了网络通信流，通过对每种应用服务编制专门的代理程序，实现监视和控制应用层通信流的作用。

由于对更高安全性的要求，常把基于包过滤的方法与基于应用代理的方法结合起来，形成复合型防火墙产品。

9. 计算机病毒（Computer Virus）是一个程序，一段可执行码。就像生物病毒一样，计算机病毒有独特的复制能力。计算机病毒可以很快蔓延；又常常难以根除。它们能把自身附着在各种类型的文件上。当文件被复制或从一个用户传送到另一个用户时，它们就随同文件一起蔓延开来。

除复制能力外，某些计算机病毒还有其他一些共同特性：一个被污染的程序能够传送病毒载体。当你看到病毒载体似乎仅表现在文字和图像上时，它们可能已毁坏了文件、再格式化了你的硬盘驱动或引发了其他类型的灾害。若是病毒并不寄生于一个污染程序，它仍然能通过占据存储空间给你带来麻烦，并降低计算机的全部性能。

所以，计算机病毒就是能够通过某种途径潜伏在计算机存储介质（或程序）里，能够自我复制，当达到某种条件时即被激活的具有对计算机资源进行破坏作用的一组程序或指令集合。具有破坏性、复制性和传染性。

10. 计算机病毒具有以下 7 个特点。

（1）寄生性。计算机病毒寄生在其他程序之中，当执行这个程序时，病毒就起破坏作用，而在未启动这个程序之前，它是不易被人发觉的。

（2）传染性。计算机病毒不但本身具有破坏性，更有害的是具有传染性，一旦病毒被复制或产生变种，其速度之快令人难以预防。

（3）潜伏性。有些病毒像定时炸弹一样，让它什么时间发作是预先设计好的。如黑色星期五病毒，不到预定时间一点都觉察不出，等到条件具备的时候一下子就爆炸开来，对系统进行破坏。

（4）隐蔽性。计算机病毒具有很强的隐蔽性，有的可以通过病毒软件检查出来，有的根本就查不出来，有的时隐时现，变化无常，这类病毒处理起来通常很困难。

（5）破坏性。计算机中毒后，可能会导致正常的程序无法运行，把计算机内的文件删除或受到不同程度的损坏。

（6）可触发性。计算机病毒绝大部分会设定发作条件。这个条件可以是某个日期、键盘的单击次数或是某个文件的调用。其中，以日期作为条件的病毒居多，例如，CIH 病毒的发作条件是 4 月 26 日，"欢乐时光"病毒的发作条件是"月+日=13"等。

（7）非授权可执行性。病毒都是先获取了系统的操控权，在没有得到用户许可的时候就运行，开始了破坏行动。

11. 检测病毒方法有：特征代码法、校验和法、行为监测法、软件模拟法，这些方法依据的原理不同，实现时所需开销不同，检测范围不同，各有所长。

（1）特征代码法。特征代码法是使用最为普遍的病毒检测方法，国外专家认为特征代码法是检测已知病毒的最简单、开销最小的方法。

（2）校验和法。将正常文件的内容，计算其校验和，写入文件中保存。定期检查文件的校验和与原来保存的校验和是否一致，可以发现文件是否感染病毒，这种方法叫校验和法，它既可发现已知病毒又可发现未知病毒。

（3）行为监测法。利用病毒的特有行为特征性来监测病毒的方法，称为行为监测法。通过对病毒多年的观察、研究，有一些行为是病毒的共同行为，而且比较特殊。当程序运行时，监视其行为，如果发现了病毒行为，立即报警。

（4）软件模拟法。之后演绎为虚拟机查毒，启发式查毒技术，是相对成熟的技术。

12. 知识产权是指公民、法人或者其他组织在科学技术方面或文化艺术方面，对创造性的劳动所完成的智力成果依法享有的专有权利。这个定义包括 3 层意义。

（1）知识产权的客体是人的智力成果，属于一种无形财产或无体财产。

（2）权利主体对智力成果为独占的、排他的利用。

（3）权利人从知识产权取得的利益既有经济性质的，也有非经济性的。这两方面结合在一起，不可分。因此，知识产权既与人格权、亲属权（其利益主要是非经济的）不同，也与财产权（其利益主要是经济的）不同。

知识产权的特点主要有 5 个：一是一种无形资产；二是具备时间性的特点；三是具备地域性的特点；四是知识产权的获得必须经过法定的程序，即必须由法律来确认，对于知识成果的支配权的种类由法律来规定，以及知识产权所有人在行使支配权时必须依靠法律的保护；五是知识产权是一种专有性的民事权利，即对于知识产权的权利人来说，对知识成果依法享有独占、排他的权利，未经其同意，任何人不能享有或使用该项权利；对于同一项知识成果，不允许有两个以上的知识产权并存。

13. 软件著作权人享有如下权利：

（1）发表权，即决定软件是否公之于众的权利；

（2）署名权，即表明开发者身份，在软件上署名的权利；

（3）修改权，即对软件进行增补、删节，或者改变指令、语句顺序的权利；

（4）复制权，即将软件制作一份或者多份的权利；

（5）发行权，即以出售或者赠与方式向公众提供软件的原件或者复制件的权利；

（6）出租权，即有偿许可他人临时使用软件的权利，但是软件不是出租的主要标的的除外；

（7）信息网络传播权，即以有线或者无线方式向公众提供软件，使公众可以在其个人选定的时间和地点获得软件的权利；

（8）翻译权，即将原软件从一种自然语言文字转换成另一种自然语言文字的权利；

（9）应当由软件著作权人享有的其他权利。

（10）软件著作权人可以许可他人行使其软件著作权，并有权获得报酬。

（11）软件著作权人可以全部或者部分转让其软件著作权，并有权获得报酬。

14．计算机总结的 10 条戒律为：

（1）不应使用计算机危害他人；

（2）不应干涉他人的计算机工作；

（3）不应窥探他人的计算机文件；

（4）不应使用计算机进行盗窃活动；

（5）不应使用计算机做伪证；

（6）不应拷贝或使用没有付费的版权所有软件；

（7）不应在未经授权或在没有适当补偿的情况下使用他人的计算机资源；

（8）不应挪用他人的智力成果；

（9）应该注意你编写的程序或设计的系统所造成的社会后果；

（10）使用计算机时应该总是考虑到他人并尊重他们。

第 10 章　程序设计基础习题参考答案

一、选择题

1．C　　2．B　　3．C　　4．C

二、简答题

1．简单来说，程序可以看作是对一系列动作的执行过程的描述。程序就是完成或解决某一问题的方法和步骤。它是为完成某个任务而设计的，由有限步骤所组成的一个有机的序列。它应该包括两方面的内容：做什么和怎么做。

为了使计算机达到预期目的，就要先得到解决问题的步骤，并依据对该步骤的数学描述编写计算机能够接受和执行的指令序列——程序，然后运行程序得到所要的结果。这就是程序设计。

程序设计包含以下 6 个步骤。

（1）分析问题，确定解决方案。当一个实际问题提出后，应首先对以下问题做详细的分析：需要提供哪些原始数据，需要对其进行什么处理，在处理时需要有什么样的硬件和软件环境，需要以什么样的格式输出哪些结果等。在以上分析的基础上，确定相应的处理方案。一般情况下，处理问题的方法会有很多，这时就需要根据实际问题选择其中较为优化的处理方法。

（2）建立数学模型。在对问题全面理解后，需要建立数学模型，这是把问题向计算机处理方式转化的第一步骤。

（3）确定算法（算法设计）。建立数学模型以后，许多情况下还不能直接进行程序设计，需要确定符合计算机运算的算法。此外，还要考虑内存空间占用合理、编程容易等特点。算法可以使用伪码或流程图等方法进行描述。

（4）编写源程序。要让计算机完成某项工作，必须将已设计好的操作步骤以由若干条指令组成的程序的形式书写出来，让计算机按程序的要求一步一步地执行。

（5）程序调试。程序调试就是为了纠正程序中可能出现的错误，它是程序设计中非常重要的一步。没有经过调试的程序，很难保证没有错误，即使是非常熟练的程序员也不能保证这一点，因此，程序调试是不可缺少的重要步骤。

（6）整理资料。程序编写、调试结束以后，为了使用户能够了解程序的具体功能，掌握程序的运行操作，有利于程序的修改、阅读和交流，必须将程序设计的各个阶段形成的资料和有关说明加以整理，写成程序说明书。

2. 结构化程序设计方法的主要原则可以概括为"自顶向下，逐步求精，模块化和限制使用 Go To 语句"。

3. 对象是指具有某些特性的具体事物的抽象。在面向对象程序设计中，问题的分析一般以对象及对象间的自然联系为依据。客观世界由实体及其实体之间的联系所组成。其中客观世界中的实体称为问题域的对象。

类是指具有相似性质的一组对象，是用户定义的数据类型。例如，香蕉、苹果和橘子都是水果类的对象。一个具体对象称为类的"实例"。

4. 由二进制代码形式组成的规定计算机动作的符号叫做计算机指令，这样一些指令的集合就是机器语言。这种语言的程序计算机可以直接被识别和执行。机器语言与计算机硬件关系密切，机器语言的符号全部都是"0"和"1"，不具有移植性。

汇编语言：用一些简洁的英文字母、符号串来替代一个特定含义的二进制串，方便了人们的记忆和使用。面向机器的语言，在编写复杂程序时还比较烦琐、费时，具有明显的局限性。同时，汇编语言仍然依赖于具体的机型，不能通用，也不能在不同机型之间移植。其优点是执行速度快，占内存空间少。

高级语言是一种接近数学语言或自然语言，同时又不依赖于计算机硬件。用高级语言设计的程序比低级语言设计的程序简短、易修改，编写程序的效率高。用高级语言写的程序必须经过转换为机器语言后才能够执行，具有很好的移植性。

三、编程题

1.
```
Option Explicit                          '要求变量必须声明
Private Sub Command1_Click()
    Dim T%, I%
    T = 1
    For I = 1 To 30000 Step 1
        If I Mod 2 =1 And I Mod 3 =2 And I Mod 5 =4 And I Mod 6 =5 And I Mod 7 =0 Then
            lblResult.Caption = "这个阶梯至少有" & I & "阶。"
            I = 30001
        End If
    Next I
```

```
End Sub
2.
Option Explicit                                    '要求变量必须声明
Private Sub Command1_Click()
    Dim T, I As Long
    T = 4
    For I = 1 To 300000 Step 1
        T = T * 2
        If T >= 8844430 Then
            lblResult.Caption = "对折了" & I & "次。"
            I = 300001
        End If
    Next I
End Sub
```

第 11 章　网页制作习题参考答案

1. 制作网站的流程包括：（1）建立站点文件夹；（2）创建本地站点；（3）新建文档；（4）修改网页标题并保存文档；（5）插入相应的网页元素，设置对应属性，制作网页；（6）创建超级链接；（7）保存文档，制作完成。

2. Dreamweaver 8 的工作界面主要由标题栏、菜单栏、插入栏、工具栏、编辑区、状态栏、属性面板和各种面板构成。浮动面板中最常用的是对象面板和属性面板。如希望将某个浮动面板同其他的浮动面板组合成多个选项卡的形式，则可以拖动该浮动面板的选项卡（可停靠浮动面板至少都带有一个选项卡，也即它本身），移动到目标浮动面板的窗口范围内，当目标窗口显示粗框时释放鼠标，单独的浮动面板就被组合成选项卡形式。要将某个以选项卡形式出现的浮动面板从组合中拆分出来，只要拖动其选项卡，将之移动到可停靠浮动面板之外就可以了。

3. 快速选择表格的行和列，可以定位鼠标指针，使其指向行的左边缘或列的上边缘。当鼠标指针变成选择箭头时，单击以选择行或列，或进行拖曳以选择多个行或列。

拆分合并单元格的方式如下。

（1）按 Ctrl 键，选定要合并的单元格，所选单元格必须是连续的，并且形状必须为矩形。

（2）选择"修改"|"表格"|"合并单元格"菜单命令，或单击属性面板中的"合并单元格"按钮。

（3）同理选择"修改"|"表格"|"拆分单元格"菜单命令，或单击属性面板中的"拆分单元格"按钮拆分单元格。

4. 表单是一种结构化文件，用于收集用户信息，并将其提交到服务器，从而实现与用户的交互，如会员注册、留言簿、订单等。

5. 在 Dreamweaver 8 中，表单输入类型称为表单对象。可以通过选择"插入"|"表单对象"来插入表单对象，或通过"插入"面板来访问表单对象，向表单中插入各种表单元素。插入表单元素后，可以在"属性"面板中设置各个表单元素的属性。

6. 创建预定义的框架集有两种方法：

（1）通过插入条，可以创建框架集并在某一新框架中显示当前文档；

（2）利用"新建文档"对话框创建新的空框架集。

当使用插入条应用框架集时，Dreamweaver 将自动设置该框架集，以便在某一框架中显示当前文档（插入点所在的文档）。预定义的图标的蓝色区域表示当前文档，而白色区域表示将显示其他文档的框架。

7. _blank：在新窗口中打开被链接文档。

_self：默认选项。在自身的框架或窗口内打开被链接文档，通常没有指定时就会被采用。

_parent：在本框架的上一层框架即父框架集中打开被链接文档。

_top：在整个浏览器窗口中打开被链接文档并因此取消所有框架。

Framename：框架名，新页面将在指定的框架中打开被链接文档。

单击"属性"面板"目标"下拉框，在此下拉框中选择要打开框架的名称，链接的网页就会在这个网页中打开。

在"目标"下拉框中，除了有_blank、_self、_parent、_top 这 4 个选项外，还有新增的若干个框架名选项，选择哪个框架，链接的网页就会在相应的框架中打开。

8. 答案略。

第 12 章　常用工具软件习题参考答案

一、简答题

1. 工具软件，就是在计算机操作系统的支撑环境中，为了扩展和补充系统的功能而设计的一些软件。具有功能强大、针对性强、实用性好且使用方便，能帮助人们更方便、更快捷地操作计算机，使之发挥出更大效能的作用。

2. 视频编辑专家是一款功能强大的视频编辑软件，具备视频合并、视频分割、视频截取、视频编辑与转化、配音配乐、字幕制作等多种功能。能够进行视频文件导出、素材和特效的再加工以及生成通用视频格式。

3. 通过 WinRAR 制作自解压文件有如下两种方法。

（1）利用向导在压缩选项时，选择"创建自解压（.EXE）压缩文件"，或者在选择压缩选项时，选择"创建自解压格式压缩文件"。

（2）对于已经制作好的 RAR 格式压缩文件，可先通过 WinRAR 打开，然后选择"工具"菜单中的"压缩文件转换为自解压格式"命令生成自解压压缩包。

二、上机题

答案略。

第 13 章　计算机新技术简介习题参考答案

1. 云计算目前还没有一个统一的定义。参考比较多的是美国国家标准与技术研究院的（NIST）定义，即云计算是一种按使用量付费的模式，这种模式提供可用的、便捷的、按需的网络访问，进入可配置的计算资源共享池（资源包括网络、服务器、存储、应用软件、服务），这些资源能够被快速提供，只需投入很少的管理工作，或与服务供应商进行很少的交互。

2. 大数据（Big Data），或称巨量资料，指的是所涉及的资料量规模巨大到无法透过目前主流软件工具，在合理时间内达到撷取、管理、处理，并整理成为帮助企业经营决策更积极目的的资讯。它是需要新处理模式才能具有更强的决策力、洞察发现力和流程优化能力的海量、高增长率和多样化的信息资产。

其作用主要有以下 3 点：变革价值的力量、变革经济的力量和变革组织的力量。

3. 人工智能的应用主要有：管理系统中的应用、工程领域中应用、技术研究中应用和智能控制。

4. 物联网是指通过各种信息传感设备，实时采集任何需要监控、连接、互动的物体或过程等各种需要的信息，与互联网结合形成的一个巨大网络。它利用局部网络或互联网等通信技术把传感器、控制器、机器、人员和物等通过新的方式联在一起，形成人与物、物与物相联，实现信息化、远程管理控制和智能化的网络。

物联网是各种感知技术的广泛应用，它是一种建立在互联网上的泛在网络。物联网不仅提供了传感器的连接，而且其本身也具有智能处理的能力，能够对物体实施智能控制。其精神实质是提供不拘泥于任何场合、任何时间的应用场景与用户的自由互动，它依托云服务平台和互通互联的嵌入式处理软件，弱化技术色彩，强化与用户之间的良性互动、更佳的用户体验、更及时的数据采集和分析建议、更自如的工作和生活，是通往智能生活的物理支撑。

物联网的用途广泛，遍及智能交通、环境保护、政府工作、公共安全、平安家居、智能消防、工业监测、环境监测、路灯照明管控、景观照明管控、楼宇照明管控、广场照明管控、老人护理、个人健康、花卉栽培、水系监测、食品溯源、敌情侦查和情报搜集等多个领域。

5. 移动互联网的含义是指互联网的技术、平台、商业模式和应用与移动通信技术结合并实践的活动的总称。它是一种通过智能移动终端，采用移动无线通信方式获取业务和服务的新兴业务。

6. 4G 的优点有：通信速度快、通信灵活、智能性能高、兼容性好、通信质量高以及费用便宜等。